U0039395

市場營銷
啟示錄

市場營銷
啟示錄

冼日明博士 游漢明教授 主編

臺灣商務印書館發行

作者簡介

何淑貞女士　香港中文大學市場學系高級講師

何偉霖先生　香港中文大學工商管理學碩士

岑偉昌先生　香港中文大學市場及國際企業學系學士

李志恆先生　中藝(香港)有限公司董事

*冼日明博士　香港中文大學市場學系講師

陳志輝博士　香港中文大學市場學系高級講師

*游漢明教授　香港城市大學商業及管理學系講座教授

盧榮俊博士　香港中文大學國際企業學系高級講師

謝清標博士　香港中文大學市場學系講師

鄺覺仕先生　香港中文大學會計學系講師

饒美蛟教授　香港中文大學管理學系講座教授

*為本書主編

編者序

營銷年代來了！

踏入 90 年代，香港已轉化成為一個消費的城市，消費者每天都可以在百貨公司、超級市場、便利店及各類的零售店內發現日新月異的產品。法國哲學家笛卡兒曾說過："我思，故我在"。而很多現代人則會說："我消費，故我存在"，誠然，消費已成為香港人生活中非常重要的一部分。

在這個營銷的年代，在香港這一個競爭激烈的市場中，企業要突圍而出，管理人員不但要充滿創意，全面掌握市場趨勢，更要對營銷管理有充分的了解和認識。

基於以上的討論，本書希望能從經濟、社會、科技、法律及管理各層面剖析香港營銷管理的現況、前景及策略。全書共收集了 38 篇文章及分為 6 個部分。第一部分是營銷管理的概念與理論，主要集中討論營銷學中最基本的概念與理論，並嘗試分析其實用及可行性。第二部分是營銷管理的環境分析，探討轉變中的香港市場環境及市場研究的一些基本概念。第三部分是消費者行為分析，探討營銷人員應如何了解各類消費者及如何處理他們的投訴。第四部分為策略與實務，介紹營銷管理所需的基本策略及實務，例如：產品生命週期、波士頓顧問團的產品矩陣、市場區隔、推銷術、產品訂價及零售方式等。第五部分為服務與工業市場篇，主要闡明工業與服務營銷管理所面對的問題及其解決的方法。最後的一部分是從社會營銷的角度出發，探討商學院的道德水平，消費者在香港受保護的情況，及與香港廣告有關的營銷問題等。我們深信這本書的出版，對營銷管理人員及修習企業管理的大專學生具有一定的參考價值。

由於本書的文章並不屬於學術性的著作，內容一概不加附註，特此說明。

本書在編輯期間，承蒙多方的協助，使本書得以順利完成。我們首先對各文作者答允讓本書轉載原文，致以萬二分謝意。我們亦要特別感謝中文大學管理學系講座教授**饒美蛟博士**對編輯本書的鼓勵及策劃。此外，《信報》編輯**余又凌**先生(已離職)、**方展傑**先生及香港商務印書館的**廖劍雲**先生、**黎彩玉**小姐等在編輯工作上給予不少寶貴的意見，謹此致以衷心謝忱。又書中多篇文章承**譚穎賢**小姐協助校對，謹此致謝。

本書如有不完善或錯誤之處，尚祈高明讀者，不吝賜教及指正，得以在再版時改善。

冼日明

游漢明 敬識

目　錄

編者序・冼日明　游漢明 ⋯⋯⋯⋯⋯⋯⋯ *i*

1　概念與理論 ⋯⋯⋯⋯⋯⋯⋯ *2*

1.1　顧客至上是否必然成功？ ⋯⋯⋯⋯ *4*
　　・謝清標

1.2　市場導向的作用 ⋯⋯⋯⋯⋯ *8*
　　・陳志輝

1.3　市場學理論是否不值一顧？ ⋯⋯⋯ *12*
　　・謝清標

1.4　市場學理論是否不切實際？ ⋯⋯⋯ *15*
　　・陳志輝

2　環境與分析 ⋯⋯⋯⋯⋯⋯ *20*

2.1　剖析市場研究常見的謬誤 ⋯⋯⋯ *22*
　　・冼日明

2.2　市場調查訪問技巧 ⋯⋯⋯⋯⋯ *30*
　　・游漢明

2.3　香港已進入感性消費時代 ⋯⋯⋯ *42*
　　・冼日明

2.4　新人類的消費模式 ⋯⋯⋯⋯ *46*
　　・冼日明

2.5 女性：消費市場的動力 ……………… **51**
　· 冼日明

2.6 電腦化對市場管理的影響 ……………… **57**
　· 謝清標

3 消費者行為 ……………………… **62**

3.1 "知明喜行慣"的實際用途 ……………… **64**
　· 陳志輝

3.2 行為學派的消費行為理論 ……………… **69**
　· 謝清標

3.3 新舊顧客孰重孰輕？ ……………… **72**
　· 冼日明

3.4 企業處理投訴的基本精神 ……………… **78**
　· 游漢明

3.5 處理抱怨 15 種情境 ……………… **90**
　· 游漢明

4 策略與實務 ……………………… **102**

4.1 市場區格理論有用嗎？ ……………… **104**
　· 謝清標

4.2 產品生命周期的啟示 ……………… **108**
　· 陳志輝

4.3 波士頓顧問團的產品分類 ……………… **112**
　· 陳志輝

4.4 多面夏娃：嶄新的產品概念 ……………… **117**
　· 冼日明

4.5　香港人接受"黃金嘜"嗎？……………… **124**
　　·冼日明

4.6　如何在競爭市場中釐訂價格？………… **135**
　　·鄺覺仕

4.7　"厚黑"與"薄白"推銷學……………… **145**
　　·謝清標

4.8　如何克服推銷三大困難？……………… **150**
　　·游漢明

4.9　香港便利店的顧客特性………………… **159**
　　·陳志輝、冼日明、何淑貞

4.10　港商開拓海外市場經驗談…………… **170**
　　·饒美蛟

5　服務與工業市場 …………………… **178**

5.1　工業市場營銷常見的謬誤……………… **180**
　　·冼日明

5.2　配合供求：提高服務行業效率………… **193**
　　·冼日明、岑偉昌

5.3　服務技術與內部市場營銷策略………… **206**
　　·盧榮俊

5.4　服務自動化引起的問題………………… **211**
　　·游漢明

5.5　評估航空公司的服務…………………… **216**
　　·游漢明

5.6　企業、服務員、顧客的三角關係…… **221**
　　·游漢明

5.7 中國的服務性行業 **231**
　　・盧榮俊

5.8 在中國引進百貨業服務技術 **236**
　　・李志恆、盧榮俊

6 社會營銷學 **242**

6.1 商學院學生道德水平是否較低？ **244**
　　・謝清標

6.2 廣告與消費者保障 **248**
　　・何淑貞

6.3 反吸煙運動是否得民心？ **255**
　　・冼日明、何偉霖

6.4 香港反吸煙廣告的宣傳策略 **268**
　　・陳志輝

6.5 香煙廣告與青少年吸煙的關係 **282**
　　・冼日明

1

概念與理論

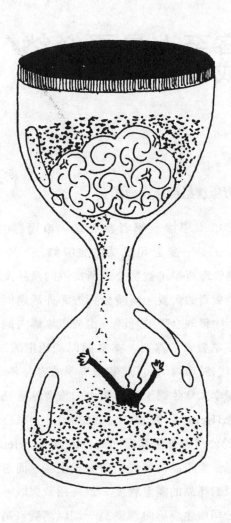

1.1

顧客至上是否必然成功？ 謝清標

1.1.1 市場意見帶來負面影響

眾多市場學權威學者都認為，市場導向（market orientation）是一家公司成功的先決條件。所謂市場導向的市場管理哲學，就是公司所提供的產品及服務，必須滿足消費者的需要，同時公司方面亦透過與消費者交易的過程中獲取合理的利潤。由於市場導向最主要的部分是滿足消費者的需要，本文將以較通俗的"消費者至上"一詞代替"市場導向"這個市場學的專有名詞。

市場學文章強調消費者至上的重要性屢見不鮮。例如，基思（Keith）早在 60 年代已指出，一家公司失敗的原因由於公司過分生產導向（production oriented），即是公司只注重產品的發展、研究與生產，而忽略了顧客的需要及對產品的滿意程度，最終招致失敗。他認為，當一家公司由生產導向轉變為一切以消費者為依歸的時候，公司其實是完成了一項革命，一項令機構變得更強壯、更有效率的革命。

除基夫外，克拉克(Clark)發現成功的公司會因應環境的改變與顧客口味的轉變而改變其產品。彼得斯(Peters)及和沃特曼(Waterman)在其暢銷書《追求卓越》(*In Search of Excellence*)中亦指出，一些有顯著成就的公司背後的重要指導哲學，就是消費者至上的市場策略。事實上，讀者只要隨手翻閱任何一部市場管理的著作或教科書，都不難發現作者都毫無保留地指導消費者至上的營銷哲學。依筆者所見，甚少從事市場學研究的學者，會深入探討或以科學方法驗證這個假設——即"滿足消費者必然令公司成功"——是否天經地義之事實。

除筆者外，部分學者亦曾經懷疑，消費者至上是否一定是一家公司得以成功之必然條件。卡爾多(Kaldor)則認為，如果一家公司太過遷就消費者，可能令該公司忽略其本身的創作能力。卡爾多認為，在消費者調查中，當消費者被問及他們理想的產品時，他們的意見常常受自身科技知識水平的限制而不能提出突破性的見解。事實上，顧客很多時都不懂得自己需求甚麼(一個極端的例子便是醫生和病人的關係，一般情況下只有提供服務的醫生才知道病人需要何種藥物，而身為消費者的病人是不知本身需要的)。事實上，很多成功的產品都不是基於成功的市場調查結果才推出的。例如日本大電器公司在決定生產以快思邏輯(Fuzzy Logic)為基礎的日常電器用品的時候，以筆者所知，該決定並非以嚴格的市場調查資料為依據。事實上，陶伯(Tauber)發覺革命性的產品常常在市場調查中得不到良好的反應，他甚至認為以消費者至上為依歸的市場調查，只鼓勵現有的生產綫之延長（product line extension）及有限度的產品改良（product modification），市場調查只會扼殺革命性的產品概念。

有時消費者至上這個概念未必適用於每一個生產者（producer）。例如希士曼（Hitschman）認為很多藝術工作者或理想主義者在生產過程中都不會以消費者至上為指導思想的，他們可能憑自己的理想創造沒有市場價值的產品。與此同時，被日益倡導的企業社會責任（corporate social responsibility）更可能與消費者至上的思想背道而馳。企業是否應該滿足消費者的需求，繼續提供長遠而言對消費者有害、對環保不利、對整體社會有負面衝擊的消費品呢？

1.1.2 書本的話未必無懈可擊

總而言之，消費者至上未必是放諸四海皆準的準則。筆者為了進一步探討這個問題，曾經進行了一項調查。調查的對象是香港的酒店業。是項調查成功地訪問了 41 家酒店，分析的結果顯示，酒店的業績和酒店是否採用消費者至上的市場策略不但沒有正面關係，相反所有相關係數（correlation coefficient）都是負值，即是如果酒店愈以消費者至上為指導思想的話，酒店的業績就愈差。

當然，我們仍然不能推翻一般書本的學說——即消費者至上必然令一家公司成功，因為有很多環境因素可能影響研究的結果。在筆者的研究中，消費者至上和酒店的業績有負面關係的原因，可能是香港酒店的房間在調查期間供不應求，酒店根本毋須花費資源進行市場調查或服務改良以滿足消費者，以消費者至上為導向的酒店反而因為耗資了解和滿足消費者而拖累了公司的整體表現。

雖然讀者可以提供各方面的原因去解釋筆者的研究結果，但有一點我們可以大膽指出的，就是消費者至上未必一定會令公司更加成功，書本的說話未必是無懈可擊的真理。

1.2

市場導向的作用

陳志輝

1.2.1 引言

　　工商機構的目標應該是甚麼？不少經理會不約而同的說："賺取最多的利潤。"但是，這個目標是否有效？它能否指導下屬制訂策略，在競爭如斯白熱化的市場上，發揮機構的功效？這問題頗值得深入研究。

　　當機構的銷售額出現問題，上司如果單單指示員工努力工作，以求改善銷售情況，效果未必盡如理想。比方說公司的產品未能滿足顧客的要求，努力生產只會減少利潤。在這情況下，增加生產會帶來成本的增加，更加減低利潤。如果產品根本不能令顧客滿足，減低價格也不會有太大作用。在市場上有很多不合時宜的商品，儘管價錢很低，銷路還是一般而已。

　　又例如有一些產品確實有很好的素質，只因為宣傳和推廣出現問題，銷量未如理想。經理們盲目地在各方面努力，定然事倍而功半，因其未能對症下藥，徒然浪費資源。

1.2.2 以顧客特性和滿足為依歸

再者，也有些商品是因為銷售渠道未能配合顧客的特性，雖然員工加倍努力，也不能改善銷售情況。以下是一個筆者在課堂上常用的例子。我們在街上看見的乞丐，多在行人眾多的地方如天橋、地鐵出入口、行人隧道等處結集，因為他們知道行人多便會令他們的收入增加。一些乞丐更懂以樂器招徠，以吸引人們的注意。在器皿上放上紙幣，便是我們所謂的"指導價格"。他們口中的：福心、善心、種善因、得善果，很容易打動追求德福果報的善心人。

他們的包裝也像是經過精心設計。一個四肢健全，衣着光鮮，穿金戴銀的乞丐，無論如何努力，也不能收到好的成效。

以上的說明帶出一個看法：工商機構的工作目標，應以顧客特性和滿足為依歸。如果公司不能順應顧客需求訂出適當的策略，公司便失去其生存的價值。循着這個路綫，我們才能了解為甚麼黃大仙廟附近有着這麼多的乞丐，口中說着"好心有好報"，"祝你心想事成"，"菩薩保佑善心人"之語。相信不少人都知道在灣仔的半山，有一個名為姻緣石的名勝。聞說善信喜於每月的初六、十六，及廿六三天，到姻緣石祈福。乞丐們雖然沒有修讀市場學這一門學科，也曉得跟隨他們的目標顧客於這三天出沒，這也是市場導向的另一證明。

香港人在路上皆怱怱忙忙，乞丐們便懂得利用各種樂器，以吸引他們的注意。從市場學的觀點，這是不折不扣的宣傳活動。這種宣傳方式，加上其他的場境設置，如瘦弱的小童、病態的老叟，便能掀動行人的善心。

1.2.3 遷就會否抹煞創造力？

然而，有不少人對市場或顧客導向抱懷疑的態度。他們認為一家公司過於遷就消費者，便會令公司忽略其本身的創作能力。因消費者的意見常受其本身科技知識水平所限制，不能提出突破性的見解。我認為這觀點着眼在"可見"的顧客需求，而忽視顧客的"潛在"需求。當我們詢問消費者其喜愛時，收回的資料只是目前的一個掠影，而我們有興趣的是顧客明天的要求。如市場學權威葛勒（Kotler）所言，市場推廣不在於供給顧客他們"需要"的產品；最好的效果是產品要令顧客感到"驚奇"。可是，產品如果不能令顧客滿意，或價格太高，或推銷渠道不佳，或宣傳出問題的話，又怎能令顧客"驚奇"呢。是故，批評市場導向的朋友應該把矛頭指向市場調查應如何運作，而非把失敗歸咎於公司以顧客的需求為依歸。

在上課的時候，有些同學也曾經向我詢問以下的問題："你說老師應以市場導向來迎合同學的要求，現在我們要求不用上課，不用看書，不用做研究，而要有最好的期終成績，如何？"如果我的答案是"否"的話，看來我是說的一套，做的一套。如果我依從他們，又如何得了？

處理這一個問題，我會先跟他們討論我的顧客是誰？我的顧客羣可包括：納稅人、大學當局、我的系主任、學生們、學生家長、學生的未來僱主，及社會的其他人士。當顧客羣確定之後，市場導向便會向我發揮指導作用。我會用心備課，找尋更好的書本與同學們一起研究，幫助同學找出他們的問題，及鼓勵同學們更加努力，不負社會對我們的要求及期望。

再者，照顧同學們的短期需求並不是正確的市場導向。相信不少的商科同學均希望是日後在商界發揮他們在大學中所學到的東西。照顧同學長遠目標的老師應不應"滿足"學生的不合理要求，這才是真的市場導向。當然，在設計課程的時候，老師應充分了解同學的情況及目標，從而訂出適當的教學策略，這才是言行合一。

1.3

市場學理論是否不值一顧？ 謝清標

　　日前商界好友指出，當今在商場上叱咤風雲之輩，多非出自讀商科的同學，相當部分未曾受過專上甚至中學教育，然而現在已赫赫有名，權傾一方，在某行業上盡領風騷。當商場上有任何重大變化時，他們必然成為新聞界採訪的焦點，彷彿能透視市場未來的動向。事實上，他們的預測很多時亦頗準確。

　　反觀很多學術界的博士教授們所作的市場分析，總發現他們雖然引用多套理論，羅列大量數據，到頭來他們對市場反應的預測似乎也有所惘然，往往予人以閉門造車的感覺。所以，現今不少人會懷疑管理學，尤其是市場學這科目是否與現實脫節？市場學的理論是否真的值得商界人士重視呢？

　　為求解答上述問題，筆者四出訪查，發現商界成功人士在決策過程中鮮有運用書本上的市場理論。他們在決策時所依據者往往不外是個人的主觀"直覺"，對市場的"眼光"，甚至"第六感"等抽象方法。有很多甚至直言不諱地指出，象牙塔的理論根本不值一哂。

筆者經營管理學術工作一年，得知這個結論後不期然地出了一身冷汗。難道多年艱苦經營不過是一些空中樓閣，不切實際的理論及方程式？筆者於是廢寢忘餐，窮思猛索，幾經辛苦，終於對這個問題找到初步的答案。

誠然，很多成功從商人士常以個人的眼光、直覺，成功地在商界闖出名堂，但筆者所訪問者是已經成功者，而很多單靠眼光直覺的投資者可能已關門大吉，血本無歸，無緣或者無興趣接受筆者訪問。

再者，商界成功人士在運用眼光直覺做決策時，可能已經在無意之間運用了一些管理理論而不自覺，如果我們要求他將決策過程的來龍去脈仔細剖白的話，他亦不難將他所依據的理論及決策方法表達得一清二楚。事實上，筆者估計，真正地運用第六感或啟發式的方法（heuristic method）去進行決策而又能事事成功的人應該為數不多。坦白而言，我們對眼光及直覺等概念所知十分有限，近年人工智能在這方面的研究也沒有突破性的進展，所以在課堂的時候，老師們根本不知如何教導學生令其在畢業後能更加"有眼光"、"有直覺"，更遑論這些眼光與直覺可能因行業不同而有所分別。

總言之，筆者認為管理理論並非如一般公司決策者以為是不切實際，不值一顧的。反之，筆者以為一個理性的管理人員的決策，應該建基於嚴謹的科學管理理論，即是曾經多番被科學方法驗證，至今仍屹立不倒的理論。

當然，今天被大多數人接受的理論並不代表永恒的真理，這些理論很可能只是大部分學者對事物的一致看法（shared belief）。例如，牛頓的理論指出空間並非絕對，時間則是絕對。牛頓的理論被廣泛地奉為真理，直至愛因斯坦發現原來時間也是相對的時候才被推翻。由此可知，今天被公認為真確者，他朝可能成為歷史。雖然我們不能肯定現在所持理論的恒久真確性，但這並不表示我們不應該利用這些理論作為決策的基礎。作為一個理性的決策者，我們應該利用現在被大家認同的理論及資訊解決管理方面的問題。在一般情況下，我們大可不理這些理論的真確性，我們可以假設這些理論是真的，直至我們發覺這些理論和實際觀察所得有出入時，我們才深入研究、探討，從而開創新的理論。我們不可能無了期地等待，直至學術研究者能夠證明一套理論是無懈可擊後才採用該套理論。正所謂有意栽花花不發，無心插柳柳成蔭，歷史證明將所有時間花在驗證大家認同的理論並非物有所值，很多劃時代的理論都是研究者發現現實與理論不符而無意間發展開來的。

1.4

市場學理論是否不切實際？　陳志輝

1.4.1　引言

在講授市場學的時候，不少同學均有以下的一些疑問——市場學理論是否有用？如果市務成績是衡量市場學理論的重要標準，為何學生們要在大學裏修讀市場學，而不是在"中學之後馬上到商界裏，從市務中找尋最好的理論"？

我們可以試從以下的例子看看市場學理論的作用，例如有一家公司的一種產品在推出後，銷售量未如理想，公司的市務總管希望制訂新的策略，以提高產品的銷售量。為公司借箸代籌，我們可對公司有甚麼提示？

在市場學中，有一個名為"市務組合"（4p）的觀念——在制訂市務策略時，我們要留意 4 個要素——產品（product）、價格（price）、分銷途徑（place）及宣傳（promotion）。根據這個觀念，我們首先應分析產品方面有沒有問題；產品的品質、特性、尺碼、配件、包裝、安裝及保養等是否能達致顧客的要求。如果發現有任何漏洞，公司應對症下藥，作出改善。

如果問題不是發生於產品的本身，我們可以研究是否價格方面出現問題。價格的釐定，並非一個簡單的課題。價格過低，公司便不能收回產品的設計、生產及宣傳成本，更遑論能替股東們賺取應得的利潤。價格過高，消費者便會轉而惠顧其他的競爭對手，或打消購買這種產品的念頭。也就是說，價格過高或過低，都會帶來壞的效果。

產品的分銷途徑也是極重要的一環。縱使公司有上佳的產品，而價格也十分合理，如果分銷途徑出現問題，銷量也會大打折扣。現代的市場學認為，一個商品的成功與否，並非取決於企業在工廠的活動，而是決定於顧客能否通過商品而得到效用。如果顧客要經萬水千山才能找到所需商品的話，效用自然大受影響。在香港，時間便是金錢，我們很難期望顧客花上很多時間去找尋某一家公司的產品。再者，香港的資訊十分發達，商家們皆反應奇快，一個新的發明很快便引起競爭者的加入，以更好的產品來加入戰團。也就是說，顧客很少會鍾情於某一個產品，或某一家機構；他們是希望以較少的代價，獲得更佳的享受。如果分銷途徑出現問題，機構便要相應地作出修改，以令顧客能更方便的享用所需的商品或服務。

宣傳是市務推廣的第 4 個要素，宣傳所包括的範圍甚廣：廣告、人員推銷、銷售推廣及公共關係均可達致宣傳的效果。大體而言，"廣告"在推動新出市場的消費品而言，有頗大的作用。如果產品是較為複雜，或顧客購物時是需要較詳細解釋的話，"人員推銷"便派上用場。在推動顧客嘗試及多購產品方面，"銷售推廣"會比較合適（試用及抽獎是常見的方法）。有不少時候，公司的宣傳目的並不在於短期推銷某一產品。宣傳人員的主旨是希望在社會大眾的心中，建立公司整個的形象。在這個時候，如"公共關係"處理得宜，公司形象便能建立起來，它自然而然地可以於日後幫助推高產品的銷量。合適的宣傳，可以把公司要傳達的訊息傳到目標顧客的心中。相反，縱使公司有着全世界最好的產品，也是徒然：因為顧客無從知道，更無從明白他們如何可以通過購買公司產品而獲得所期望的效用。如果商品的宣傳出現問題，公司可依循以上所提供的 4 個方向去找尋出問題的癥結所在。

這個"市務組合"(4p)觀念，可以算是市場理論中相當初級的原理。它的優點是它十分淺白易明，市務者能夠很快和比較全面地分析一個消費品、服務，以及其他工業產品之成功或失敗的地方。應用這個思考方法，我們更可以較清楚地了解競爭對手以前、現在，甚至未來的長處和短處，從而想出應變的方法。

1.4.2 好的理論要有生命力

當我們思考這個觀念是否有用時，一個可行的思考方法是，不用這個理論時，我們會怎樣做？十分抱歉，如果我被強迫不從"產品"、"價格"、"分銷途徑"，以及"宣傳"去思考一個商品的成敗理由，我只能棄械投降。運用傳統智慧，如努力工作、親力親為、樹立榜樣、愛人如己等，也定然找不到商品的病源；從而設計改善之策。

是否每個市場學理論都是有用的？這問題取決於這理論的來源。眾多的市場學理論，都是市場學研究者從不同的市務實踐中，總結經驗，不斷研究，不斷驗證而成。好的理論，應能隨着世界轉變而轉變。也就是說，好的理論要有生命力，要能自我完善，才能對在市場實際工作的市務者作出指引，作出輔導。

但應用市場學理論的人應該充分明白理論的來源，及其所應用的範圍。"一本通書睇到老"，"盡信書不如無書"等問題，也是不少市務者使用理論時的通病。每一個研究，每一個調查，都有着其局限性。一個研究，要經過嚴謹的設計和處理，才算是一個好的和有用的研究。

1.4.3 有助更快把握問題關鍵

也有不少人對理論抱懷疑的態度，他們總認為經由個人從市場上得來的理論才是好理論。在這裏，我只能說他們是對了一半。在市場上磨練理論，把理論的優點發揮出來是對的做法。但凡事都只是經由個人第一身經驗從零開始，便有點兒浪費精力。如果理論是建立於一個比較堅固的根基上，它是可以幫助我們很快及比較全面地把握問題的關鍵，從而發展出更有效及更有效率的對策。

在這裏要補充一句，也有不少同學在課堂上吸收了不少的理論，但他們並未能夠充分了解理論在實踐上的真正作用，所以在到社會工作的初期，因未能把理論套於現實世界中應用，便對理論產生懷疑，甚而有"覺今是而昨非"之感。

更有不少的市務者，從開始便沒有機會接受"正統"的市場學理論訓練，而在市場的不斷歷練中，發展出自己的一套思考方法。但這種理論和學術研究的理論是可以互補不足，而非一定相互排斥。市場上的經歷，可以加強市場理論的新陳代謝，增加其應用範圍及生命力。反過來說，好的市場理論，可以幫助市務者更有條理，更有系統地了解買家，估計市場的走勢，及找出更能滿足顧客的方法。

最後，市務者及市場學研究者應能不停地更新既有的市場理論，使其更加發熱、發光。

2

環境與分析

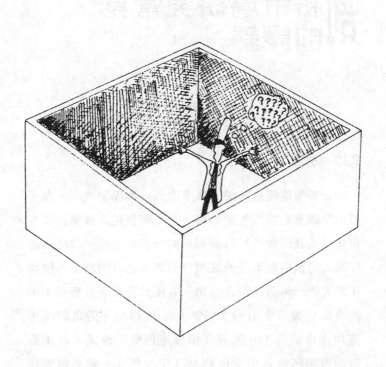

2.1

剖析市場研究常見的謬誤 冼日明

2.1.1 引言

在香港這瞬息萬變、競爭激烈的市場環境中，為了訂出準確及有效的營銷策略，每一個營銷人員都需要對市場結構及消費者行為有深入的分析和了解。故此，近年來工商機構對市場研究服務的需求也日漸增加。根據中文大學一份研究報告指出，香港的市場研究費用支出約為廣告費用支出的 3-5%，在 1993 年，香港的廣告費用支出約為 110 億元，根據這個數字推論，該年香港的市場研究費用支出約為 3 至 5 億元。雖然市場研究已漸受重視，而每年香港的工商企業在市場研究中亦支付龐大的金錢，但當筆者與一些市務經理或市場研究人員交談時，發覺他們普遍對市場研究缺乏明確的認識或存有一些錯誤的觀念。本文目的旨在指出市場研究常見的一些謬誤，希望能藉此加深營銷人員對市場研究的認識和了解。

2.1.2 【謬誤1】市場研究即市場調查

這一個謬誤可以說是市場研究中最常見的，很多管理人員往往以為市場研究即是市場調查，如常見的街頭訪問或電話調查等，這觀念犯了兩個最基本的錯誤。就研究方法而論，市場研究的範圍較廣，除市場調查方法之外，尚應包括觀察法、實驗法及模擬研究等。以上各種方法各具特色及優點，營銷管理人員應設法明瞭各種方法的性質，以便在營銷的決策中，找出適當的研究方法，以便提供充足和正確的資料。

至於就研究程序來看，將市場研究等同市場調查也同樣犯了一個"以偏概全"的謬誤。因為在整個市場研究過程中，市場調查——收集資料的方法，只是最易為別人看到的一部分。一個正確的市場研究，實應包括以下幾個程序：

（1）擬定問題與假設；

（2）擬定所需資料；

（3）決定收集資料的方法；

（4）抽樣設計；

（5）資料收集；

（6）資料分析；和

（7）研究的結論和報告。

2.1.3 【謬誤2】市場研究的萬能與無用論

雖然，市場研究在香港的工商業中已普遍被接受，但仍然有不少企業對市場研究的效用抱懷疑態度。很多行政人員相信他們主觀的經驗，可以替代市場研究所提供的資料，故毋須再花費金錢及時間進行市場研究。問題是，市場研究是否如此無用呢？

在另一方面，也有一些行政人員對市場研究持有完全相反的意見。他們不惜花費大量的金錢委託專業的市場研究公司或學術研究機構為他們進行大型的市場研究，以期收集有用的資料作為決策參考的依據。有時他們甚至過分迷信市場研究的能力，過分強調資料的效用，凡事皆以市場研究結果為依據，完全否定個人經驗在決策的重要性，問題是，市場研究是否如此萬能呢？

以上兩種看法都是對市場研究的誤解。誠然，市場研究是以科學的方法收集、整理，及分析種種有關的市場資料，在一定的誤差比率下，自有其相當的可信性與參考性，故此它既非萬能也非無用。事實上，香港的工商業正處於一個急劇轉變的經濟、政治，及文化環境中，一個成功的營銷策略實有賴可靠的市場資料及準確的個人判斷二者之配合。

2.1.4 【*謬誤 3*】*市場研究為大型企業的專利品*

由於市場研究最初由歐美等地傳入，而首先由香港一些外資企業所採用，故此很多小型企業便有一個錯誤的觀念，他們以為市場研究需要大量的支出，非他們所能負擔的，故市場研究實為資本雄厚的大型企業所專利。很明顯，香港的市場研究公司也同樣犯了這一個謬誤，故此它們時常忽略了香港的小型企業——一個對市場研究服務有極大潛在需求的市場。實際上，正如本文以上所討論，市場研究的方法有多種，每種方法所需的費用支出也高低不同，故此只要市場研究公司能設法找出不同企業所需，再配以適當的研究方法，相信不少的小型企業一定樂意採用市場研究之服務，以幫助市場策略的釐定。

2.1.5 【謬誤4】以非機率抽樣調查的結果作推理和統計分析

抽樣調查主要可分為"機率抽樣調查"（probability sampling survey）及"非機率抽樣調查"（non-probability sampling survey）。機率抽樣調查即每一樣本單位被抽出的機會皆可預知，而非機率抽樣調查即每一樣本單位被抽出的機會皆不可預知。根據統計學的理論，只有採用機率抽樣調查的方法，才可用推理統計技術來估計母體之值及誤差，但很多時市場研究人員對統計技術有一個錯誤的觀念，或將其濫用，故此我們時常可以在報章或其他大眾傳播媒介中，看見許多市場研究的報告，雖然在收集資料時，不是採用機率抽樣調查方法，而竟將調查的結果作推論和統計分析。例如在一個採用非機率抽樣調查的報告中，研究人員發覺在 200 個抽香煙的人士中，有 50 個抽某種牌子的香煙，便推斷有 25% 的抽煙人士抽某牌子香煙，這不但犯了觀念錯誤的毛病，而且更有濫用推論之嫌。

2.1.6 【謬誤5】機率抽樣調查的樣本愈大愈佳

"在市場研究中，大樣本（large sample）的準確程度較小樣本為高"這流行的觀念，可以説是市場研究中最隱蔽的"陷阱"，不但很多行政人員時常犯上，而且很多執行市場研究的人員也不能避免的。通常營銷管理人員在計劃市場研究時，往往認為只要有一個大的樣本，便可以有一個較準確的研究結果，但如果經過細心的分析，不難找出這個觀念的錯誤。因為在機率抽樣調查中，調查結果的準確程度往往受兩種因素影響，一為"抽樣誤差"（sampling error），二為"非抽樣誤差"（non-sampling error），如果這兩個誤差之和愈小，則調查結果的準確程度愈高。

　　抽樣誤差的大小決定在樣本的數目，隨着樣本的加大，樣本平均數與母體平均數之差距便會減少，母體平均數估計的正確性自然增加，因此，愈大的樣本愈可減低抽樣的誤差，但在另一方面，因樣本的增加，非抽樣誤差，如樣本單位（sampling unit）拒絕回答，或調查人員在調查過程中所犯的錯誤，或資料處理時的錯誤也相應增加。故此，要改善抽樣調查的準確程度，不是單靠增大樣本，也要減低和控制非抽樣誤差的大小。

2.1.7 【謬誤6】資料分析較資料收集更為重要

　　近年，香港的市場研究行業流行一個信念，不少企業或市場研究公司都相信，資料分析較資料收集更為重要。這信念可以在以下幾個現象反映出來：

（1）電話調查已成為調查方法的主流，並逐漸取代傳統更為準確及嚴謹的家居或辦公室內調查訪問（in-home or in-office interview）；

（2）資料分析員往往較資料收集員支取更高的薪酬；

（3）市場研究公司在推銷其研究建議（research proposal）時往往標榜其資料分析方法的先進性而忽略資料的信度（reliability）與效度（validity）；

（4）企業在釐訂市場研究計劃時，往往強調資料的時效性（timeliness）而輕視資料的可靠性。

誠然，先進的統計分析方法有助資料分析，並提供更準確的決策方法，但其先決條件在於收集的資料是否可靠。否則它不但不能改善市場研究的成效，更會犯上"廢料入、廢料出"（garbage in, garbage out）的錯誤。

2.1.8 【謬誤 7】為市場研究而作市場研究

我們知道市場研究的目的，主要是為了在市場營銷決策時減少不穩定情況的一種資料收集和分析的活動。但很多管理人員在決定進行市場研究活動時，缺乏一個明確的目標與計劃，往往是為了市場研究而作市場研究。例如一個營銷管理人員已決定在消費市場推出一種新產品，為了支持他自己這一個決定，而且在真正失敗時又不需要負責，進行一個市場研究，收集一些有利和支持他決定的資料，可以說是最方便的。

此外，如果他這個推出新產品的決定在市場上被證實為不正確時，這位管理人員也可以推卸責任，歸咎環境的轉變，說是因研究工作完成之後，環境已經轉變，而這些又非他們所能控制的。

從以上所舉的例子中，可以看到很多營銷管理人員都犯了一個"本末倒置"的謬誤，因市場研究應被視為幫助營銷策劃的工具，而非用來支持已決定的營銷決策；故此身為一個營銷管理人員，一方面要養成良好的職業道德及操守，另一方面在進行市場研究時，也要確定一個清楚的研究目標與計劃。因為明確的研究目標，不但可以節省因在研究時收集了一些無關重要資料所花的金錢和時間，而且可幫助管理人員在決策時，更有效地利用已收集的資料，以作出更正確的決定。

2.1.9 【謬誤 8】別讓市場研究人員獲知太多資料

在計劃市場研究活動時，參與的人員主要可分為決策人士和研究人員。決策人士主要是資料的使用者，例如營銷經理，或其他行政人員；而研究人員，主要是資料的收集者。在進行市場研究活動時，因為恐怕營銷部門的商業秘密會被洩露給其他部門或外界知道，營銷經理或行政人員往往有一個錯誤的觀念，就是將公司的營銷策劃盡量對研究人員隱瞞。在香港，這種現象更為普遍，因很多香港公司都沒有市場研究部門之設立，故此在收集有關市場營運資料時，便需僱用獨立或商營的市場研究公司。因為營銷人員存有這種觀念，往往便減低市場研究人員與決策人士間的了解和溝通，進而減低市場研究對市場營運的效用。

要提高市場研究的效用，一方面研究人員應提高及養成良好的職業道德與操守，對決策者或顧客所提供的資料，保持高度的秘密；在另一方面，決策人士也應信任研究人員，對他們提供正確及足夠的資料，以幫助他們訂定一個良好的市場研究策劃。相信增加和改良決策

人士與研究人員之間的溝通，實為提高市場研究效用的
方法。

2.1.10 結語

　　一個有效的市場研究，是基於管理人員與研究人員
對市場研究活動有一個正確的觀念與認識，以上所討論
的只是市場研究中常見的一些謬誤，希望能透過本文，
引發出更多對市場研究的認識和討論。如果下次在一個
有關市場研究的討論中，你聽到別人也同樣犯了以上的
謬誤，你是否可以向他們解釋和澄清呢？

2.2

市場調查訪問技巧

游漢明

2.2.1 導言

　　長久以來，企業對市場調查的意見，莫衷一是。在一些不採用市場調查的企業中，有些企業認為市場調查的價值低於企業所付出的調查成本；有些認為本身對於市場已有徹底的了解，進行市場調查只是浪費企業的錢；有些則認為在市場調查的過程中發生錯誤的機會太多，調查結果的準確性大有疑問。

　　第一類型和第二類型企業的意見乍看之下十分相似，其實分別頗大。前者衡量市場調查的價值和調查成本的關係。此類企業的問題往往是企業人員對價值的估計過於主觀。市場調查的價值是否高於調查成本決定於個人的喜惡。後者則針對企業對市場的了解，但忽略了市場調查的基本功能。香港社會已步入了工業化後期的階段，科技的進步已令同業競爭日趨激烈。企業與顧客之間的距離越來越遠；顧客的心態在社會急劇的變遷和西方生活習慣的薰陶下，亦在不斷的改變。因此要說對產品市場瞭如指掌真是談何容易。企業在策略上一旦有絲毫錯誤，便會被競爭對手的產品或服務"乘虛而入"，喪失了自己產品的優勢。因此一個企業認為自己對市場有了徹底的了解而不用進行市場研究，往往有自欺欺人之嫌。企業只有經由"市場研究"才能了解顧客的態度與需求。

我們不能否認市場調查的過程中可發生錯誤的機會實在不少，但是我們並不贊成第三類企業的看法，認為調查結果的準確性一定大有問題。實際上，這些錯誤的機會可藉着研究人員的訓練和品質控制的嚴格施行而大量減少。一種產品之所以能成為優質產品，基本上有兩個重要的影響因素：產品改進和品質控制。市場調查也不可例外。是以企業應清楚了解聘任的市場研究人員或市場研究公司在這兩方面是否具有足夠的知識或經驗，這樣才可保證調查的結果。

為着令企業對調查訪問有進一步的了解，特別根據個人從事研究的經驗和一些有關的文獻，編輯成"訪問技巧"11 則，以供企業人員參考之用：一方面希望他們了解到訪問並不是一件馬虎的事，藉以增加他們對調查研究的信心；另一方面也可作為訓練企業研究人員參考之用，以了解訪問應有之程序與方法，用以監察研究人員的工作。

2.2.2 問卷訪問技巧

1. 問卷

問卷是用來搜集準確而完整的資料，要做到這點，需符合兩個標準：

（1）研究的目的

研究人員設計問卷以符合研究的目的，他們相信，依他們的設計定能有效地獲得所需資料。

（2）供給一致的資料

研究人員需合併和分析所搜集的資料，因此，這些資料須以同一形式向所有被調查者搜集。回答可以受問題的字眼所影響。因此，每一訪問員應以同一方式訪問被調查者，以保證搜集回來的資料的準確性和一致性。

2. 有關文件處理

當訪問員到達訪問單位時，應一面道出來意，一面拿出證件及信件，以免屋內的成員對你產生惡感。同時訪問員最好在進入被調查者的家中後才拿出問卷。

不要忘記很多人對文件工作並不習慣，或可能看見厚厚的問卷會感到不適。因此，在訪問前應檢查所有文件是否放在適當的地方——文件袋中。在拿出文件時訪問員不要顯得手忙腳亂似的，以免讓開門的人懷疑。因此，訪問員要清楚知道有關的文件放在甚麼地方。當需要身分證時應可立刻拿到手；當問到某一條問題時亦可立刻將適當的卡片遞給被調查者看。

3. 訪問時坐的位置

訪問員應盡量面對着被調查者來坐。因此對方不能看見問卷上問題的答案或甚至讀出問題。假若他看着問卷，他會過於關注他應該回答的答案，及應怎樣去代訪問員填寫問卷。訪問員最好能面對光源坐，令一些聽覺不靈的人也可看見你說話的口型。

訪問員最好能令被調查者坐得舒服然後才回答你的問題。老人家多愛坐自己的椅子。但假若屋主是一家庭主婦而正忙着做家務，如熨衣，而她又喜歡的話，讓她一面工作一面回答你的問題。

4. 問卷的守秘性

在調查中，若被調查者欲閱讀問卷，或希望與訪問員一同閱讀，或要求將問卷留下待他自己填寫，而不希望接受訪問時，訪問員應對他表示只想找一機會與他談話，但無法留下問卷給他，因為所有的問卷均須在特別的指導下才可填寫。因此，訪問員不要將問卷給被調查者覽閱，亦不可以在訪問完畢後留下任何問卷在被調查者家中。

若訪問員將問卷交給被調查者覽閱，問卷中某些問題可能變成無意義；同時，被調查者看後會對訪問員所問的問題表示漠不關心；他可能不會留心去考慮問題的答案。

但假若被調查者向訪問員索取空白的問卷，訪問員不用解釋不能給予他的理由；只需指出還有一份檢查表格是來提醒訪問員應做甚麼的而並非他想像中填寫一份普通問卷那麼簡單。訪問員應表示，需要機會與他談話，以獲得他對問題的回答。

5. 發問題

訪問員應避免有"訪問是一種測驗或檢核"的想法。因此訪問員應小心發問時語氣或態度，不能帶有些微批評、驚奇、批准或不贊成的成分。

　　若訪問員能有一般的聲調，留心聆聽，和無意批評的態度，他是能保持或增加被調查者對回答問題的興趣。對問題了解能令訪問員通順地由一條問題讀至另一問題。因此訪問員要仔細察閱問卷並於訪問前多練習大聲朗讀每條問題。

（1）訪問員應依問卷上的問題發問

　　每位被調查者都會被問及同樣的問題，因此訪問員不能改變任何語句，亦應避免隨意改變字眼，甚至連最無關痛癢的字眼也不可以更改。若訪問員漏了問題的一部分，改變了一些字眼，或要令自己說得更口語化而在問題後面加多一些字，他必須記錄在問題的旁邊。

（2）訪問員應慢慢地讀出每條問題

　　訪問方法的研究指出，理想的速度約為每秒鐘兩個字。訪問員讀問題時可能沒有出錯，但讀得太快會出現"食字"和含糊不清的情況：是以，訪問者應以從容的態度慢慢地讀出問題，令被調查者有時間了解整條問題的範圍和組織而小心地回答。通常訪問員讀得太快的原因有二：

　　a. 訪問員平時的說話速度一向是太快。

　　b. 被調查者可能在訪問前說："我只有半小時的時間接受訪問，請你快些訪問完畢。"

　　　訪問員應了解自己讀問題的速度，並加以調整。刻意希望在短時間內完成問題往往會增加訪問時間，因為訪問員需時常重複問題。

（3）訪問員應依問卷上的次序來問問題

問題次序在設計時多已考慮連續性的問題：即同類的問題應放在一起。因此在問卷前部的問題不會對後部問題的答案有嚴重的影響。再者，假若要比較每一個訪問（及其結果），問題必須有一定的先後次序。

（4）問卷中每條問題都必須詢問

一位被調查者往往會回答一條前面已詢問過的問題，或者有時訪問員需問一連串似乎類似的問題。被調查者會說："所有問題都給我答'是'。"在這種情況下，訪問員可能認為應跳過這些有明顯答案的問題。這是不對的。訪問員的責任是要在可能情況之下，詢問被調查者問卷上的每一條問題。在上述情形下訪問員可使用以上程序：

a. 將最初回答結果寫下。

b. 然後問至那一條已經"回答"的問題時，重新再問他。但訪問員必須解釋並沒有忘記他先前的答案。例如訪問員可以這樣說："我們已經談及此點，但請讓我問……"或"在這個調查中，我們要問每一位被調查者有關每一條問題，而我想弄清楚你分別對以下每一條問題的意見"或"你已清楚回答我一些有關這類的問題，但下面另一條問題問……"訪問員應盡可能問每一條問題，而不能自作主張地去假設被調查者已回答了問題，這只會令到研究結果產生偏差。

（5）重問被誤解的問題

問題的語法已考慮到被調查者會明白問題的內容。
訪問者會發現多數的被調查者都會明白問卷上問題
的意思。但假若有人誤解題意，最好的方法就是依
問卷重複問一次。假若訪問員覺得被調查者需要思
考一下，那麼，乾脆等一會而毋須催對方立刻回
答。假若訪問員覺得被調查者要別人加以保證時，
可對他說：“我們只想得到一般人對這事的看法。”
或“這些答案無所謂對與錯，只是你的意見而已。”
假若被調查者要求解釋一些字眼或語句，訪問員應
婉轉推辭，並將解釋的責任交還給他。或可以回答
他說：“依你自己的想法就得了。”

假若他真的對問卷上某一個字不明白，並說：“我
不明白這條問題，究竟這問題點解呢？”不要妄下定義
或詳細解釋，跳問下一條問題好了。

當訪問員遇到上述兩類情況時，他應將被調查者的
問題記錄在問卷問題旁邊，並同時記錄訪問員的答覆。

6. 探問

訪問員應適當地使用以下幾個技巧，令被調查者給
予一個更圓滿、更清楚的答覆。

（1）重複問題

當被調查者對問題似不甚明白，對問題誤解，似不
能下判決，或其至離開主題時，最有用的方法就是
全照問卷的問題重複複述一遍。很多被調查者需聽
第二次才明白怎樣回答的。他們可能第一次沒有完
全聽懂整條問題，或者聽漏了問題的重點。因此，

探問是非常重要的。

（2）略為停頓

若被調查者已開始說話，而訪問者又覺得被調查者欲言還休時，最簡單的方法便是保持"緘默"。略停而以帶有期待的眼光望着被調查者並微微向他點頭，給予他一點時間去組織一下他的思維。

對經驗較淺的訪問員來說，在調查中略為停頓是件較難的事。有時訪問員可能有一種事事應不斷進行的感覺，而幾秒鐘的緘默對他來說好像是等了幾千年一樣。但不要忘記，停頓往往可以鼓勵對方回答問題，而這技巧應自然地使用。這即是說訪問員一定要見機行事，有些被調查者真的可能對問題感到迷惘。那時，停頓反而會令人打呵欠，而並非鼓勵對方進一步思索。

（3）重複被調查者的回答

當被調查者停止說話時，被訪問者可簡單地重複他的問題，這往往是最佳的探問。一面重複他的回答，一面記錄。他聽着自己的見解便能幫助他進一步思索。

（4）不確定的問題或評語

此兩類多用來獲取更清楚更圓滿的回答。以下是一些這類常用的探問語句

·還有沒有其他的意見？

·還有沒有第二項理由呢？

·為甚麼？

·甚麼意思？

．你在想着甚麼呢？

．可不可以詳細解釋一下呢？

．還有甚麼呢？

成功的探問需要訪問員立刻察覺被調查者的回答是否符合題旨，而又能構想出一探問語句來誘出所需資料。只有訪問員完全了解題旨，才會知道何時及如何探問。訪問員發問題的語氣亦非常重要，粗魯和強迫的語氣不會令被調查者再回答。

7. 積極對被調查者作出反應

一般而言，被調查者不知道他需要花費多少時間來完成訪問。因此，訪問員需要作出一些反應來鼓勵他繼續作答。例如訪問員可表示被訪問者答得十分好，但這並不表示贊成或反對被調查者的意見，而是表示訪問者欣賞他作為一個被調查者的表現。這些與他知道多少或訪問員知道他多少無關。一個良好的被調查者不是一個對問題有興趣與會說話的人，而是一個學習得快而能依一特別設計的問卷回答問題的人。

當訪問員依照正確的訪問技巧，而被調查者卻表示"完全不知道在做甚麼"時，這確是一件令訪問員感到頭痛的事。這些事情是可能會發生的，訪問員會覺得他雖已盡全力但卻失敗，因此整個訪問所獲得的資料很少。對一個市場研究者來說，被調查者回答"不知道"是一有效的資料，雖然這些資料對訪問員來說並不是那麼有趣味。

訪問員作出適當的反應如"是"、"OK"、"我明白"等等中肯的語句會加強被調查者對自己回答的信念，但同時，訪問員不要作出引導性的反應：例如當被調查者說："哦，我不是很清楚，6次似乎太多，2次又似乎太少"，訪問員不應向他提議說："4次"。但應向他說："哪個次數你認為最接近你的看法？"問卷上記錄的答案應該是反映出被調查者的決定，而不是你的決定。

倘若訪問員有一些不良的習慣，會對調查者造成很大的障礙。例如在被調查者對問題作出一些不滿的反應時，訪問員為嘗試令他覺得舒服，以便訪問可繼續下去，便自作主張。例如被調查者強烈的說："有沒弄錯！沒人能答這個問題……我怎知到時我怎麼做"。訪問員想令事情平息，說："噢，這樣，我們跳到另一條題目好了。"這樣訪問員只是在鼓勵被調查者在其他問題上採取同樣的態度。

訪問員應重複問題，並以中肯的語氣說："當然，沒人能確實知道，但我們就是有興趣想知道一般人的看法。"當被調查者了解他自己的角色後，以後的問題便會順利進行。

8. 記錄對問卷所作的變更

不論任何的變更，如字眼、語句，或問題的先後次序等應記錄在問卷上，以便編碼人員決定該問題需不需要取消或應如何編碼。

9. 不真實的回答

假若訪問員感到被調查者的語氣或速度有異，並懷疑他的回答可能不確實時，訪問員應說："我只查查我有沒聽錯"或"我想確定你明白我的問題"，然後小心地重複先前的問題。通常這樣可給予被調查者機會解決剛才自己的疑慮。同時，訪問員亦應留意自己的聲調，不應表示對該問題特別關注。

10. 個人資料的搜集

　　有關被調查者的年齡、性別、教育程度、收入等問題多放在問卷後面。這時，被調查者應了解到這些資料的重要性，並且對訪問員已有相當的信任和願意提供個人的資料了。若被調查者詢問為甚麼要知道年歲、教育程度及其他問題時，訪問員可以這樣回答：" 我 前 面已 經 講 過， 我 訪 問 不 同 年齡和職業的人，然後將資 料 綜 合 起 來， 統 計 女 性 和男性在儲蓄的習慣上有無分別，年輕人和年紀大的人又有無分別。 你 要 知道，我 一 定 得 問 不同的人。所以，我剛才問你這樣的問題。"

　　我們有充分的理由去解釋我們獲取資料的原因，讓被調查者了解他們合作的重要性。假若訪問員覺得被調查者欲獲進一步的保證，可對他說：" 我 們 寄 給你的信裏已經說過，所有訪問得到的資料，都是絕對保密的。"假若被調查者對某一項個人資料經多次解釋也不願意透露，訪問員只好跳至另一問題去。

11. 結束訪問

　　在結束訪問時，訪問員不要忘記向被調查者表示謝意。被調查者花費他的時間並提供了寶貴的意見，對整個調查確實有很大幫助。

　　我們的目的在希望他對調查的理由感到滿意。在訪問員離開時，被調查者可能會問及有關該調查的進一步資料。訪問員可對該調查作一簡單的介紹。若被調查者

進一步問及有關訪問或訪問員會不會再來，不要說
"不"。因為問卷調查人員可能會作簡單調查重訪。或者
將來另一項調查研究也可能抽到這個居住單位。因此，
在離開時，最好能獲得被調查者同意再來重訪某一項資
料。

若訪問員在整個訪問中表現的品行令被調查者覺得
被訪問是一種喜悅的經驗，將來被調查者會願意在其他
調查訪問中再度合作。

2.2.3 結語

我們相信訪問員在看完了以上十一則訪問技巧後，
對於增進訪問員的訪問技巧，會有一定的幫助；加上訪
問員對個別調查研究目的之了解和問卷設計之熟悉，大
致都是可應付自如的了。

香港已進入
感性消費時代 冼日明

2.3.1 "感性消費"廣告

如果你喜歡看電視劇,你可能會説香港已經進入了
"大時代"。如果你經常看電影,你或會説香港已進入了
"恐龍熱潮時代"。但如果你有留意以下幾個電視螢光幕
上的廣告,你一定會同意香港已經靜悄悄地進入了"感
性消費"的時代。

廣告 1——

"一個戎裝打扮,英姿勃勃的軍官,在空軍同袍簇
擁下,與新婚妻子一起拍照留念。婚後二人共度了一段
短暫而甜蜜的日子,但鏡頭一轉,軍官奉命駕駛戰機上
前綫殺敵。傷心的妻子站在鐵絲網後,遙望丈夫,含淚
話別,心裏想着不知何年何月才能與丈夫重聚。"

廣告 2——

"一個年輕而富時代感的東方少女,孤身上路,獨
自遨遊西方田園大地,最後她以一個中國二胡與當地居
民使用的西方樂器,共奏出一首不分國界,和諧共處,

世界大同的美妙樂章。"

廣告 3——

"意大利女郎安娜因與男友口角而憤然離去，男友隨後急步追趕，安娜躊躇滿志與觀眾一起以為男友定必趕來求諒。怎知結果出人意表，幽了觀眾一默，男友追來只為急於討回皮包。"

我們可以在以上的廣告中看見它們的內容不再是向觀眾或消費者硬銷商品的信息和優點，而是採用感性的訴求，希望能建立觀眾對產品的認同感。例如在瑞士鐵達時手表的廣告中（廣告 1），廣告內容沒有強調手表準確或耐用的信息，而是以淡淡的色彩，配上中國東北長春市郊區的實景，襯托出本世紀三四十年代的戰時氣氛，頗有一種"不在乎天長地久，只在乎曾經擁有"的感人情懷。而在佐丹奴的廣告中（廣告 2），我們看不見強調衣服舒適和剪裁手工的信息，代之而起的是道出在現今疏離的社會中，一般的現代年輕人都嚮往自由自在，遨遊萬里，追尋良朋，建立認同的感覺。至於 Satchi 皮具的廣告（廣告 3），全劇更以觀眾不熟悉的意大利文對話，在廣告中，我們看不見強調 Satchi 皮具質優及設計新穎的產品信息，代之而是滲透着點點浪漫，絲絲激情，正如它所標榜的"熱熾追求、人生所有"的主題。

2.3.2　重視感覺的消費年代

總括來說，以上的廣告都是強調感性多於理性消費。究竟甚麼是"感性消費"呢？簡單來說這種消費是藉着感覺、情緒氣氛及符號來消費商品及服務，而甚於其功能及效率；或者可以説是偏於情緒性、情報性、誇耀性及符號性價值甚於商品的物質性價值及使用價值的消費傾向。在感性消費的情況下，消費者選擇產品或品牌的準則再不只是基於"好"或"不好"，而是更基於"喜歡"或"不喜歡"。他們所追求的不再是產品或服務的"量"或"質"，而是它們所能提供的一種感覺或附加價值，例如：

1. 身分或階級的象徵

傳統上，香港汽車的高價和中價市場一向為歐洲車所壟斷，"賓士"或"寶馬"代表着成就和身分的象徵。而日本汽車一向只能雄霸中下價汽車的市場，為了開拓中價車的市場，日本豐田汽車公司刻意推出"凌志"房車。它的銷售對象不是傳統的商家或富豪，而是一羣近年才事業有成的青年才俊；他們一方面不甘於被界定為傳統上流社會的從屬，另一方面又渴望他們的成就為別人所認同。"凌志"房車正好為他們提供了一個投射身分象徵的機會。刻意的定位，感性的訴求正好説明為甚麼"凌志"自推出市場以來，便深受年輕專業人士所歡迎。

2. 美的感受

光靠品質和功能已經無法滿足消費者，這是一個感覺比內容更重要的年代。消費者要求設計的美、造形的美、色彩的美和結構的美。故此 Tempo 紙手巾不再強調它的耐用和柔軟性，而是標榜它不但有自然味，更有薄荷味。

3. 好玩及趣味性

在"感性"的消費下，商品不但要品質優良，更要被消費者認為"好玩"及富"趣味性"。近月 P & G 所推出的一系列"和路廸士尼"沐浴及洗頭用品，正好代表一個將日常用品與玩具成功結合的例子。

4. 潮流或流行性

香港的消費者，大都喜歡跟隨潮流，而不願成為潮流的落伍者。故此衣服並不因為可以保暖或包裹身體的實用性，而是由於款色及設計而擁有其價值。例如近日因"侏羅紀公園"一片風魔香港之際，街上不時看見很多行人，不論成人或小孩，都穿着印有恐龍圖案的衣服。

2.3.3　結語

面對一個嶄新的消費年代，成功的營銷策略實有賴以下幾點：

(1) 準確地收集及分析潛在消費者購買行為的轉變；

(2) 在現存或新開發的產品或服務中加添更多的附加價值；

(3) 通過有效的推廣方法將產品或服務的感性概念傳達至潛在的顧客。

正如管理學家塔克爾曾說過："不能隨機應變，不能調適自己以因應變化的企業，不可能生存。他們會成為被接管、購併的目標，甚至被排除，淹沒得無影無踪，就此被人遺忘。"作為企業的一個營銷管理人員，你是否已成功登上這列"感性消費年代"快車，還是徘徊於候車室呢？

新人類的消費模式

冼日明

2.4.1 新人類出現了！

新人類出現於熱鬧繁囂的街道上，他們出現在五光十色的商場中，他們出現在人聲鼎沸的演唱會裏。究竟誰是新人類呢？他們有何特性呢？他們的出現對營銷管理又有何意義呢？

"新人類"一詞為日本作家堺屋太一所創，用以描述在 60 年代或以後出生的日本人士。在本文中，"新人類"則指在 1970 年或以後出生的香港年輕一代。這些人士又可被稱為"獵皮士"（Lips: low income with parental support），他們大都是收入低，但消費力特別強的年輕人。他們的消費主宰着每年銷售額數以億元計的流行音樂市場、電子遊戲機市場、漫畫書市場、電影市場、年輕人服飾市場……。

2.4.2 新人類與舊人類的比較

表 2.4.1 嘗試列舉出新人類與他們上一代（舊人類

—— 在 1970 年以前出生的香港人士) 在基本價值觀、消費模式、思考方式及生活導向的差別。

表 2.4.1　新人類與舊人類的比較		
	新人類	舊人類
價值觀	樂觀	悲觀
	享樂主義	禁欲主義
	個人主義	團體主義
消費模式	感性消費	理性消費
	盡情消費	量入為出
思考方式	圖象為主	文字為主
生活導向	遊戲人	工作人

1. 基本價值觀

　　新人類成長於 70 年代及 80 年代間，這時正值香港經濟起飛，一般市民的生活都得以改善。故此，與舊人類比較，新人類一般都較樂觀，強調享樂，不追求天長地久，但求曾經擁有：在處事及待人接物方面，他們強調真我個性，處處表現出強烈的個人主義。

2. 消費模式

　　在消費模式上，新人類不會量入為出，而強調"今朝有酒今朝醉"的盡情消費。在決定購買時，產品的"感性價值" (affective value) 遠較其"功能價值" (functional value) 更為重要。

3. 思考方式

與舊人類比較，伴着新人類成長的不再是金庸的武俠小説或瓊瑤的愛情小説，而是黃玉郎的"龍虎門"或馬榮成的"天下漫畫"。新人類的遊戲不再是"跳飛機"或"下象棋"，而是"Game Boy"或"任天堂"電子遊戲機。他們對外在世界的認識，不再依靠書本或學校，而是來自電視或電腦。對新人類來説，文字是冷漠和陌生的，而圖象則是親切和熟悉的。

4. 生活導向

在新人類的成長過程中，學習往往是通過遊戲而完成的，故此對他們來説，生活就是遊戲，遊戲就是生活。與舊人類比較，他們追求的不再是工作而是遊戲，故此他們又可稱為"拉美士"（Limers: less income, more excitement）。在尋找工作時，他們追求的不是工作的意義而是工作所能帶給的刺激和歡樂。在選擇工作時，新人類往往情願接受一份在"麥當勞"快餐店售賣漢堡包的工作，而捨棄一份在辦公室工作的文職。對很多新人類來説，辦公室是一個死寂、平淡和冷漠的空間；而"麥當勞"快餐店則是一個充滿生機、色彩及活潑的遊戲場。

2.4.3 新人類對營銷管理的影響

在未來的 10 年或 20 年間，新人類將會是我們社會主要的生產者、消費者及決策者。面對一羣與現存舊人類絕不相同的潛在顧客，營銷人員應如何適應呢？總括來説，新人類的出現對營銷管理有以下的意義：

1. 發掘產品的感性訴求

（1）好玩及趣味性

對新人類來説，產品的趣味性比它的功能更為重要。故此近年個人電腦變成電子遊戲機，書包或水壺變成加菲貓或龍貓玩具皆為一些營銷策略的成功例子。

（2）美的感覺

新人類在購買時，往往強調產品的設計美、造形美、色彩美和結構美。當"快譯通"推出最新一型號的電子辭典時，它的廣告標題為"科技與美麗的結合"，不但強調產品的功能，也同時強調產品的設計美。

2. 多用影象、色彩和音樂於廣告推廣上

新人類對產品的反應，比較強調直接的感覺多於深層的了解和思考。故此，奪目的影像和悦耳的音樂，往往較詳細的產品資料介紹更能引起新人類對產品的興趣。根據中文大學市場系的一個研究指出，香港 90 年代的電視廣告較 80 年代的電視廣告提供更少的產品資料，但另一方面，90 年代的電視廣告則較多採用感情的"元素"，例如音樂和影像於廣告中。

3. 將產品的購買和消費過程遊戲化

對新人類來説，生活就是遊戲，遊戲就是生活。故產品的購買過程本身就是一種消費，他們享受購買過程的樂趣不下於產品消費的樂趣，這點或可解釋近年自助式糖果店的興起。此外"必勝客"意大利披薩店所推出的自助沙拉概念，也可説是個將消費過程遊戲化的成功例子。

2.4.4　結語

　　近代最偉大的科學家愛因斯坦曾說過："創意較知識更為重要"。但處於 90 年代的香港，面對一羣嶄新的消費者，要成為一個成功的營銷管理人員，他不但要有無比的創意，更需要對新人類有充分的認識和了解，你是否願意接受這個挑戰呢？

2.5

女性：消費市場的動力 冼日明

2.5.1 引言

"女人，你的名字是甚麼？"

英國大文豪莎士比亞曾説過："女人，你的名字是弱者。"

香港金像影帝周潤發在"秋天的童話"一片中曾説過："女人，你的名字是茶煲（trouble）。"

中國內地則流行一句説話："女人能頂半邊天。"

生活在 90 年代香港的你，面對以上這個問題時，你的回應又將會是甚麼呢？或者在回答這個問題前，請你細心看一看以下一些資料和數字。

【資料 1】

由 1976 年至 1991 年間，香港女性就業人數由 67 萬增至 106 萬。而其在勞動人口所佔的比率也由 34% 升至 38%。

【資料 2】

由 1976 年至 1991 年間，女性行政人員佔香港行政人員的比率由 9.1% 升至 20%。

【資料 3】

由 1978 年至 1987 年間，女性企業家佔全港企業家的比率由 5.1% 升至 8.2%。

【資料 4】

1993 年 11 月 27 日，香港出現了歷史上第一位女性布政司。

以上的資料顯示出香港的女性不論在經濟、社會，甚至政治上的參與日漸增加。本文嘗試從市場學的角度勾劃出這個趨勢的原因及對市場營運的含意或影響。

2.5.2 女性在經濟、社會、政治上參與增加的原因

1. 女性的高學歷化

隨着教育的普及，香港女性接受教育的機會也日漸增加。根據政府統計資料顯示，在 1976 年，15 歲以上的女性曾接受中學教育的為 29%，而曾接受大專教育的則只有 3%；在 1992 年，這些數字已升為 47.8% 和 9.4%。女性的高學歷化趨勢大大加強了她們在經濟、社會及政治上的參與性。

2. 男女角色論的稀薄化

在中國傳統觀念中，男女的角色有別，男性被塑造成強者，女性被塑造成弱者。隨着時代的變遷和教育的普及化，"男主外，女主內"這觀念已慢慢被"男女平等"

觀念所代替。男女角色在社會及家庭上的差異性已開始模糊了。90 年代成功的女性再也不是"在家從父,出嫁從夫,老來從子"的傳統女性,而是一個"經濟獨立,思想獨立"自主自決的新女性。

3. 產業的資訊化、服務化

　　踏入 90 年代的香港,香港的經濟結構已由製造導向進入服務導向。根據統計資料顯示,製造業的產值在香港生產總值的比例由 1970 年 30.9% 下降至 1990 年的 16.7%;與此同期,服務行業則由 60% 升至 70%。其中金融業比例的增加最為顯著,其次為商業及通訊業。在這次內部經濟結構的轉變中,香港勞工結構也作出適當的回應。統計資料顯示出,在 1976 年,製造業的人數為 82.76 萬人,佔總就業人口 45%;但在 1991 年,降至 28.2%,而就業人口也下降至 76 萬人,與此同期,服務行業則由 76.66 萬人(40.8%)上升至 170.5 萬人(62%)。

　　產業的服務化、資訊化為女性提供了更佳的就業機會。在服務及資訊化年代,工作靠的是腦力而非體力,於是女性的機會來了,她們的腦力既不弱於男性,再加上她們較細心,有耐性,90 年代將成為一個女性管理的年代。

2.5.3　對市場營運的影響

　　以上的分析指出,由於女性的社會地位及購買能力的不斷提高,女性已成為消費市場的一個原動力。總括來說,女性市場對市場營運有以下幾個重要的啟示。

1. 產品／服務需求的轉變

生活在現代的忙碌女性，不論喜歡或不喜歡，都要更有效地分配時間，甚至盡量縮短家務、育兒必須花費的時間，她們不得不"創造時間"，以便投入自認為更有意義的工作。

節省時間，創造時間，這個觀念是現代女性不可缺少的，以下一些"節省"家務時用的產品及服務將會持續增加。

（1）代做家事服務的需求（家務外流）

例如女傭服務、托兒服務、洗衣服務等。

（2）省時產品的需求

例如洗衣機、乾衣機、微波爐、大型冰箱、紙尿片、速食食品、冷凍食品等。

在另一面，因為忙於工作或參予社會活動，現代婦女花費在以下產品或服務的時間將會減少：

（3）"耗時"產品的需求

例如看電視、看娛樂周刊、看電影等。面對這個現象，營銷人員實有需要重新釐定媒介的推廣策略。與此同時，媒介企業也要重新釐定他們的出版時間策略。例如以前的娛樂周刊大都在周日出版，近年來為了更能接觸到更多的潛在現代婦女，大部分都改在星期六或星期日出版。

女性自主所造成的另一個變化是生活上力求自我表現（自我充實），利用追求合理生活所得到時間與工作所得到的收入，去提升生活素質，力求充實及多姿多采人生。

（4）“個人”或“自我表現”的商品需求增加

例如衣服、首飾、化粧品、美容服務、健康舞班等。面對這一個龐大的潛在市場，香港不少的公司都各出奇謀務求能分一杯羹，例如(i)港基國際銀行發行的“My Card”就是以一般的職業婦女為對象，創造一個鮮明的產品形象；(ii)ABC 佳訊傳呼機秘書服務，則通過一個美艷而果斷的女年輕行政人員為 ABC 佳訊傳呼機創造一個有別於太傳統以男性為銷售對象的獨特形象。

2. 購物時間與方法的改變

由於女性出外工作的數目增加，購物方法也呈現各式各樣的變化。家庭主婦通常會在上午完成清掃、洗衣等的工作，下午才去購物。職業婦女大都在每天工作結束後，回家途中才順道去購物，於是購物變成在黃昏才進行。購物時間有如此大的轉變，零售店定要作出適當的回應。

隨着購物時間的變化，購物方式也有相當的改變。家庭主婦因為時間充裕，可以慢慢採購，職業婦女卻多希望快速完成採購工作。因為她們都有工作，經濟上比較寬裕，故此在決定購買時，“方便”往往比“便宜”更為重要。此外，隨着職業婦女數目的增加，衝動性購買將是消費市場其中一個主流。

3. 購買決定權的轉變

傳統上，男性為家庭主要及唯一的經濟來源，故此他們對家庭產品的購買有絕對的決定權。隨着女性經濟自主性的增加，女性在購買時也有更大的發言權。根據筆者一個有關香港家庭消費研究的報告，數字顯示出職業婦女較全職家庭主婦在購買家庭物品時有更大的決定權。此外，在決定購買時，丈夫與妻子所採用的購買決定因素也大不相同。丈夫大都強調產品的功能與效率，而妻子則強調產品的美感與設計。如何能有效地滿足到雙方不同的需要，將是 90 年代營銷人員的挑戰。

2.5.4 結語

近年香港已由生產導向的男性社會，逐漸轉變成為以消費導向的女性社會。在這個時代，不觀察生活者便不能談商業，不觀察女性便無法了解生活者的動向。身為 90 年代的成功營銷管理人員，你有否嘗試了解你四周的女性呢？

2.6

電腦化對市場管理的影響 謝清標

今天，電腦的應用已經成為世界性的趨勢，電腦化資訊系統是今天企業所不可缺少的系統，直接和間接地提高了企業的競爭能力。例如，最近德國寶和實惠店合作的電腦直銷系統，估計可以減低電器零售的成本達9%之巨。

托佛拉(Toffler)在《權力轉移》(*Power Shift*)一書中提出，現今權力的來源可分為3方面，即暴力(force)、金錢(money)及資訊(information)，三者之中以資訊為最高素質的權力來源，能夠掌握及利用資訊制訂管理策略是新一代成功企業的先決條件。對市場管理者而言，能夠掌握高素質的資訊尤其重要。市場管理是一以資訊為基礎的管理活動(information-based management activity)，要有效率及理性地解決市場管理的問題，充足及正確的資訊就如其他的管理資源(人力、土地、資金及管理技巧)一樣同等重要。

近年來人類社會突飛猛進，造成了資訊大爆炸。統計資料顯示，每年資訊量的增長率為 10%，檔案資料的數量每五年則加倍。事實上，我們平均花 20% 至 30% 的工作時間在搜集資料方面。由於電腦的設計是針對儲存及處理大量的數據，企業如果應用電腦的話，將可大大減低決策的成本。現今電腦在企業的應用主要仍然是會計及生產管理方面，甚少學者或管理人員深入探討電腦在市場管理方面的應用，有見於此，筆者嘗試就下列各方面的市場管理活動探索電腦的應用。

1. 市場環境分析

市場環境分析是市場管理的十分重要部分，市場管理者必須時刻留意環境的變遷作出相應的措施。例如，嬌生嬰兒用品公司眼見出生率不斷下降，即在廣告方面強調其洗髮精不但嬰兒適用，成年人亦同樣適用，結果公司能夠保持一定的增長。除出生率外，其實很多政府或私人編制的統計數字都可以存放入電腦化資料庫管理系統（Database Management Information System）內，略作分析即可令企業發現有利可圖的市場空隙（market niche）。原則上，任何和行業有關係的市場環境資料，競爭對手資料都可存放於資料庫內，以備管理者不時之需。

2. 企業內儲存大量的會計資料

假如這些資料已經全部放入電腦內，管理人員只要作進一步整理，即可將它們變成對市場決策有用的資料。例如，我們可以利用公司以往的收支損益表，求出各項市場支出與營業額的比例，以及歷年來的走勢，進而更深入了解各市場支出的成本效益及其變化。

3. 營銷隊伍電腦化（sales force autoomation）

筆記型電腦的普遍使用，令營銷人員可以更有效率及更有效地進行銷售活動。只要通過電話網路，營業人員即可很容易地將手提電腦接駁公司的電腦主體（mainframe），取得顧客的資料，以及即時解答客人有關存貨、產品型號等各方面的問題，訂單資料更可即時輸入電腦主體，同一時間該主體即可印出有關的提貨單及發票，並更新客戶的電腦資料。事實上，流動的電腦很可能代替一般的營業辦公室（sales office），大大地降低銷售成本。

4. 廣告電腦化

利用電腦設計廣告不但可以節省成本（初步估計可以節省成本達 60%），設計者甚至在最後一刻也可以更改設計（last second advertisement changes），而毋需額外增加高昂的成本。

5. 商品設計

利用電腦輔助設計（Computer Aided Design, CAD）軟件，企業可以設計精美的產品，符合顧客的需要。

6. 直接銷售電腦系統

電腦在直接銷售中扮演極重要的角色，只要顧客的資料合時，電腦可以印製地址紙貼及針對個別顧客的推廣信件。

7. 電腦化市場調查

如果我們以電話進行訪問的話，可以將問卷放入電腦內，又可指令電腦撥隨機產生的電話號碼，對方電話有回應的話，訪問員即可進行訪問。由於問卷已放入電腦內，訪問員只需詢問螢幕上出現的問題，而毋需顧慮問題的次序。同時，訪問員可將答案即時輸入電腦，令管理人員可以在短時間內得到需要的調查結果。

8. 條形碼（bar-cods）

托佛拉指出美國目前至少有 95% 的包裝食品上標有條形碼，除美國外，其他國家總共有 78,000 部掃描器（scanner）在工作。這些條形碼及掃描器不但縮短付款時間，減少出錯機會，管理人員更可取得最新銷售數據作分析用途。如果將條形碼配合內置有處理及記憶功能的聰明卡（smart card）一起使用，市場管理者可根據顧客資料，了解個別產品用戶的特徵，改良產品的推廣策略。

9. 市場管理專家系統（expert system）

由於人工智能科技的不斷進步，很多學者已提出將專家系統技術應用在市場決策上，筆者亦曾經利用模糊推理（fuzzy inference）為基礎，設計一專家系統模倣市場經理的訂價決策過程，效果令人滿意，終有一天，我們可以用一個電腦程式去取代一個市場經理的工作。

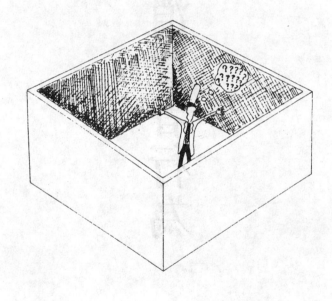

3

消費者行為

3.1

"知明喜行慣"的實際用途 陳志輝

3.1.1 引言

不少人認為市場學理論只能用作學術研究，在現實世界中並沒有甚麼實際作用。如果這個論點是對的話，我們研究市場學豈非浪費時間、浪費精力？就着這個問題，我們試從以下例子看看一種市場學理論的作用。

假如有一家公司在推出一種產品後，發覺銷售量未如理想，上司只要求員工努力工作並不能解決問題。如果產品根本不能滿足顧客的需求，無論公司怎樣努力生產，甚至降低價格，也未必能增加銷量，反而會減低利潤。正如市場上有不少產品，雖然價格訂得很低，但銷量只是中規中矩。

又例如有一些產品確實有很好的素質，只因為宣傳和推廣出現問題，銷量未如理想，而經理們又盲目地在其他方面努力，結果只是事倍功半。由此可見，了解目標市場情況，找出問題所在，對症下藥，才能發展出有效及有效率的策略。而市場學理論則可提供有用的思考方法，讓我們有系統地了解市場情況，作出相應對策。

在市場學中，有一個名為"知、明、喜、行、慣"的顧客行為觀念。這個觀念指出，顧客在購買商品前，常常經過一個學習過程：知道、明白、喜歡、行動、習慣。首先，顧客必須意識到產品的存在(知)，然後明白其用途(明)，漸漸地對產品產生好感(喜)，繼而付諸行動去購買(行)，若顧客認為產品有效用，便慢慢培養出再購買的習慣(慣)。在整個學習過程中，有着一步接一步的關係，若顧客根本不知道產品的存在，他絕不會喜歡或購買它。這個觀念不僅有助策略計劃者了解顧客對產品的認識，更能尋找出公司的策略重點。

當產品銷量不如理想，公司可根據這個觀念進行市場調查，如發現大部分的目標顧客並不知道市面上有這種產品時，公司應增加廣告及銷售推廣，務求令更多人看見、聽到或接觸產品。假如大部分顧客已經知道產品的存在，但並不明白產品的用途，經理們便應着重人員銷售及包裝說明策略。人員銷售能有效地解釋一些較複雜的產品，令顧客更容易明白及掌握產品用途和運用方法。而詳細的包裝說明，可以提供顧客一個較彈性的參考途徑，令顧客可在任何時間均能了解產品的用途。

假使顧客已知道及明白產品的用途，但仍未喜歡它，那麼公司便應集中研究是否產品未能滿足顧客需要，或公司缺少了某一些重要服務。若產品和服務均素質優良，而顧客亦對產品存有好感，唯銷量仍未見增長，市務經理們應看看有哪些因素阻礙顧客購買產品：

例如價格是否定得太高，或銷售途徑不足，使有意購買的顧客因找不到銷售處而放棄購買行動。

3.1.2 短期利潤增長並不足恃

要增加利潤，短期銷量增長是不足的，只有培養顧客慣性地惠顧才是長遠之計。當發覺愈來愈多顧客轉向其他產品或牌子時，經理們便應檢討現有的策略。比方說產品是否已因多年未改良而變得落後，不能滿足顧客現在的要求；還是公司欠缺了一些廣告提醒客戶購買，或沒有減價及銷售推廣以刺激顧客的購買意欲等。這些問題皆能引導策略籌劃者制訂適當的市務計劃。

"知、明、喜、行、慣"這觀念，除了提供一個有系統的思考方法幫助策略的制訂外，我們更可以運用它去評核及了解公司本身，甚至競爭對手以前、現在和未來的市場狀況，長處和短處，從而想出應變的方法。

以下我們看看這個觀念在不同情況下的應用。首先是在一個新產品的市場內，既沒有顧客知道新產品是甚麼，也沒有人明白它的用處，更沒有人喜歡及購買它。在這個情況下，公司的當前急務就是讓顧客知道新產品的存在。市務經理們可運用廣告，令更多人看見或聽到新產品已出現。此外，市場推廣能鼓勵顧客嘗試新產品，令更多不知道新產品的人變成知道。假如市務經理們沒有"知、明、喜、行、慣"的觀念，一開始便把資源單單放在增加銷售量的工作上，這不僅對新產品的銷售無甚幫助，更白白浪費公司的資源。

假如市場已有很多人知道產品的存在，但銷售情況仍未見理想。這時我們應運用"知、明、喜、行、慣"的觀念去分析及理解顧客的心理狀態。如公司發現雖然大部分顧客知道有這種產品，但他們根本不明白產品的用途，在這情況下，公司應在人員推銷及包裝說明上下點工夫。如果顧客已知道及明白產品的用途，但仍然不喜歡。這時，市務經理應考慮是否產品本身未能滿足消費者的需求。當顧客已明白，亦喜歡產品，但仍未購買時，公司應仔細分析是否價格訂得太高或分銷途徑不足，令顧客走遍千山萬水也找不到貨品；還是，公司的售貨員服務態度很差，令顧客打消購買產品的念頭。假如顧客買了產品一次後便再沒有購買，業務主管便應反省是否在推銷產品時誇大了它的效能，令消費者期望過高，還有，公司有否提供足夠的維修服務或優惠酬謝老主顧等。在任何市場中，若公司不留意顧客心理狀態的變化而作出相應的對策，產品便極容易被市場淘汰。

3.1.3　配合環境變化才能生存

最後，我們看看在一個已成熟的市場內，"知、明、喜、行、慣"觀念的應用。假使產品原本在市場內非常受歡迎，亦有很多顧客購買。但最近發現銷量不斷下降，不論喜歡、購買或習慣購買產品的人數均大大減少。這可能暗示着市場上出現了另一種更有效、更能滿足顧客的產品；又或是推銷的重點並不適時，令顧客漸對產品失去興趣。面對這個情況，改良產品，迎合要求是必須的。此外，在定位、推銷及宣傳等方面亦應再仔細研究，以期在不斷變化的市場上打出一條"血路"。

隨着資訊發達，經濟不斷發展，人們對生活水準的要求亦不斷提高。在不同的時間和空間，顧客對貨品的需求也會不同，市場情況亦相應轉變。在這個變化萬千、競爭激烈的市場裏，只有配合環境作出適當的改變才是有效的生存方法。現今市場學認為，一個商品的成敗，並非取決於其生產過程，而是顧客對產品效用是否滿意。因此，要在市場裏站穩，必須無時無刻注意顧客需要的改變，他們"知、明、喜、行、慣"的情況，並自覺地訂出相應的策略，使顧客能在產品中獲得最佳效用及享受。

總括而言，市場學理論所提供的思想方法，令策劃者能在變化萬千的環境下，有系統地分析及了解市場，並發展適當的對策。

3.2

行為學派的消費行為理論 謝清標

3.2.1 引言

消費行為的理論主要分為兩個不同的學派：行為學派（behaviourism）及識知心理學派（cognitively-based theories）。識知心理學派認為，了解消費者行為和預測市場決策對消費者的影響的首要步驟是，了解消費者購買產品過程中所經歷的心理歷程，以及在這個過程中各種不同變數對消費行為的影響。一般識知心理學的消費理論都比較複雜，所牽涉的變數亦相當多，市場管理者往往難以捉摸，應用於實際工作上亦感到困難。

相反，行為學派的消費行為理論則較識知學派的消費者行為理論來得簡單。行為學派認為，管理人員可將消費者當作為一個黑盒，只要市場管理者能成功設計適當的市場策略組合，便可刺激消費者的購買行為。簡單而言，只要組織刺激的市場策略組合是正確的話，我們便可令消費者作出適當的行為反應，即是消費者只會購買我們的產品，而不會購買競爭對手的產品。在整個過程中，正如諾德（Nord）等學者認為，我們根本毋須理解或者知道消費者的心理歷程，以及其中涉及的變數，可應用行為學派的理論令消費者購買我們的產品。事實上，很多時即使我們知道消費者的心理歷程及各種心理變數如何影響其決策及選擇，一般的管理人員亦無法或難以利用這方面的知識去促銷自己的產品。例如，眾多研究都證實消費者的行為很受其心情所影響，但即使管理人員知道心情與購買行為的因果關係，他們亦難以控制或操縱消費者的心情以達致銷售產品的目的。

3.2.2　建立刺激反應關係以達銷售目標

　　事實上，行為學派的消費行為理論基本上十分簡單和直截了當。市場管理者唯一需要發掘的是，何種環境刺激因素將激發消費者的購買行為，其工作就像一個環境工程師一樣，主要的職責是布置及設計適當的環境變數，包括市場學上所謂的 4p，即價格（price）、產品（product）、推廣（promotion）及地點（place），引發消費者的購買行為。

　　行為學派的理論除了着重建立刺激──反應的關係以達致銷售目標外，亦包括了運用斯金納（Skinner）所開創的強化學習（operant conditioning）理論以改變消費者的行為。強化學習是指運用正面增強法（positive reinforcement）、中性增強法（neutral reinforcement）或負面增強法（negative reinforcement），以及改變獎勵和懲罰的次序（schedule of reinforcement），令消費者作出行為方面的改變。強化學習理論的特點在於增強學習成果的獎勵或懲罰，都是在行為改變後施予對方的。例如，當消費者選購產品後，他便可獲得指定的贈品，令消費者學懂日後只須在購買指定的產品後，即可獲得獎勵。在提供贈品時，管理人員更可利用變化比例法（variable ratio method）加強學習的效果，即是贈品時有時無，消費者無法預知何時有贈品出現，正如賭徒投注一樣，他不能預知或控制中獎的時間和派彩，令他覺得賭博是一樣十分刺激的玩意，同時亦令他沉迷賭博的程度日漸加深。相反，假如他每投注兩次就有一次中獎的話，他便會覺得賭博索然無味。原則上，利用斯金納的理論去改變消費行為與在海洋公園訓練動物的原理和方法基本上沒有分別，只是獎罰的形式不同。當然，這種做法將人和禽獸同等看待，有侮辱人類尊嚴的成分，道德上亦可能難以被人接受，但效用卻是無可置疑的。

最後，行為學派的消費行為理論亦包括班度拉（Bandura）所提出的觀察學習（observational learning）理論，即是通過觀察去改變消費者的行為。例如，我們可利用廣告主角示範如何使用產品及使用產品後所得的好處，令觀眾學懂產品是對他們有益有用的，整個過程毋須使用任何獎勵和懲罰。

3.3

新舊顧客孰重孰輕？

冼日明

3.3.1 個案實錄

【個案 1】

陳先生為萬國寶通銀行的存戶。3 月中某天，當他在該銀行完成一些轉賬服務後，他被銀行所推廣的"多彩多息多收益"定期存款計劃所吸引。該計劃指出，客戶如在該銀行存入最少 5 萬港元，開設定期存款戶口，便可享有高達 0.5% 的額外利率優惠，更可參加抽獎，贏取名貴禮品，當陳先生準備將他在該銀行儲蓄戶口的港幣 10 萬元改為開設一定期戶口時，銀行的職員告訴他，因該新計劃推出的目的在於吸收"新"資金，而陳先生的存款為"舊"資金，故不能享有以上的優惠；除非他能在其他銀行提取最少港幣 5 萬元，將之存入萬國寶通銀行，才可獲取此優惠。

如果你是陳先生，面對以上情況，你的反應將是以下哪一種呢？

1. 接受較低的存款利息收益：

2. 從另一間銀行提取 5 萬港元，將之存入萬國寶通銀行，以求賺取更高利息：

3. 不滿萬國寶通銀行重新輕舊的待客方式，要求立即取消在萬國寶通銀行現有的所有戶口：

4. 其他。

【個案 2】

　　黃太太為一間甚具規模的影視會的會員已有 1 年多，過去她頗為滿意該影視會所提供的租借服務，並到處向親友推介該影視會。近期該影視會大力擴張，吸收新會員，在短短 2 個月期間，會員人數急增了一倍多。近日黃太太發覺該會員工的服務態度日趨惡劣，而影碟及影帶的數目也供不應求，她往往要等待較以往多一倍的時間才能租借到她喜愛的影碟或影帶。

　　如果你是黃太太，面對以上情況，你的反應將如何？

1. 減少租借影碟或影帶：

2. 同時加入另外 1 間影視會為會員，以期能獲得更多選擇：

3. 退出該影視會，並向親友訴說其不是：

4. 其他。

【個案 3】

　　李先生為香港上海匯豐銀行 VISA 信用卡的會員已有 2 年。在 1994 年 3 月銀行寄來月結單，並自動為他再續期 1 年。隨後他知悉他的一位同事最近成功申請成為匯豐銀行 VISA 信用卡的新會員之後，便能以

88 港元的優惠價換取一精美的收音機座地燈。當李先生致電該銀行信用卡中心詢問他是否能享有同等的優惠。中心的工作人員回覆他說，該種優惠只提供予新會員，舊會員則不能享用此優惠。中心的工作人員並建議李先生申請多一張匯豐 Master 信用卡以能獲取此優惠。

如果你是李先生，面對以上情況，你的反應將會是以下哪一種呢？

1. 申請多一張匯豐 Master 卡以期獲取優惠：
2. 取消匯豐 VISA 卡，改為申請一張匯豐 Master 卡：
3. 取消匯豐的 VISA 卡，改為申請其他銀行的信用卡：
4. 其他。

3.3.2 貪新忘舊——一個錯誤的營銷觀念

以上的個案為筆者近日完成的一個有關消費者對企業滿意程度研究內所收集的一些資料。以上的例子清楚顯示出香港有不少的企業普遍存有一個重新顧客，輕舊顧客的觀念，為甚麼一般企業都常有重新輕舊的錯誤觀念呢？

1. 一般企業相信，開發新顧客對企業成長非常重要，屬於一種積極、主動，及進攻的策略；在另一方面，企業普遍認為維繫現存或舊顧客為一消極、被動及退守的策略。

以上的觀念可以說是犯了營銷管理的一個非常嚴重的謬誤。因為根據筆者的研究指出，維繫舊客戶對企業具有甚大的意義，其理由如下：

(1) 維繫舊客戶的成本，遠較開發新客戶的成本為低。

(2) 舊顧客為企業最有效的推銷員。如果舊客戶是一個滿意的客戶，則他很可能會為企業四處散播正面口碑，甚至影響親友，進而使企業能有更多的交易機會。

(3) 舊顧客代表着許多潛在的營銷機會。舊顧客不但會重複購買，更會購買企業所提供的其他產品或服務。

2. 一般企業通常都混淆了顧客對企業或品牌的忠誠（loyalty）和沒有選擇性（captivity）兩個概念的分別。顧客對企業或品牌的忠誠是指顧客對一企業或品牌有良好的評價，故出現重複的購買行為。例如顧客認為可口可樂汽水的味道較其他品牌為佳，在每次購買汽水時，他們都不會考慮市場內其他品牌，而只會重複購買可口可樂。在另一方面，沒有選擇性則指出，顧客對某一企業或品牌所作出的重複購買行為，是因為市場暫時沒有代替品或其他選擇，而不是顧客對該企業或品牌有良好的評價。例如在沒有建成海底隧道之前，一般香港市民過海的唯一交通工具為渡海小輪。但當海隧建成之後，市民便多了公共巴士及地下鐵路的選擇，這說明了為甚麼渡海小輪有衰落的情況。事實上，很多企業都有一個錯誤的觀念，以為顧客一日成為它們的顧客，便會忠心不二。孰料顧客的流失殊不難，除了企業本身是否悉心照顧之外，別忘了，還有許多競爭者在旁虎視眈眈，處心積慮地想要他們另棲他枝。

3.3.3 固本培元實為待客之道

本文無意貶新揚舊，認為舊顧客較新客更為重要。事實上，企業的生存有賴舊顧客的重複購買行為，而另一方面，企業的成長則有賴新顧客數目的增加。正如營銷學大師李維特（Theodore Levitt）曾說過：〝一個企業存在的目的，在於創造新顧客及維繫舊顧客。〞故此同時堅固現存的舊顧客及培養新顧客，實為企業待客上上之道。

至於如何在開發新顧客時不會犯上重新輕舊的錯誤，以下的一些原則或可提供一些啟示：

1. 評選新顧客時，質較量更為重要

一般企業在開拓新市場時，通常都會強調新顧客的數目而忽略了新顧客的素質。殊不知顧客的素質遠較數量為重要。例如一間向來標榜着高品味、高格調的餐廳，如果為了增加顧客的流通量，而採用減價策略。雖然短期或可吸引更多的新顧客，但長期來說，這策略不但有損該餐廳的高級形象，更令以往的舊客戶卻步，最終影響企業的盈利。

2. 應盡力維持產品及服務的高水準

在吸收新顧客的同時，企業應分配更多的資源在維持原有產品及服務的素質。如本文所論及的個案 2 中，該影視會因過分增收新會員，而令服務水準嚴重下降。補救的方法在於加強服務人員的培訓及增加影碟及影帶的數目，以期能保持服務的高素質。

3. 別讓舊顧客心碎

很多企業在吸納新客戶時所採用的策略，往往令現有或舊的客戶感覺到被忽略，甚至被輕視，例如本文提及萬國寶通銀行的案例中，該銀行所採用的策略，定會令不少的舊客戶感到不滿，進而令他們對該銀行的服務失去信心。如何能在開發新顧客的同時，不損害企業與舊顧客的良好關係，將會是 90 年代營銷管理的挑戰。

3.3.4 結語

鐵達時手表以¨不在乎天長地久，只在乎曾經擁有¨為廣告的口號，但作為一間不斷創新及成長的成功企業，它不但要與顧客建立一個甜蜜的初戀，更要與他們一起走過一段天長地久、一生一世、永誌不渝的浪漫戀情。

3.4

企業處理投訴的基本精神 游漢明

3.4.1 引言

　　服務的不完善、產品的缺憾和銷售環境不能配合營銷活動都會引致顧客不滿。不是所有不滿的顧客都會投訴或抱怨。很可能投訴的人數只佔不滿顧客中的10%，甚至更少，因此，投訴是企業極為珍貴的顧客心聲，是企業從顧客身上獲取的重要情報，對改進企業的服務或產品的質素極之有用。可是很多企業對顧客的投訴都充耳不聞，或只作適度的道歉來處理。這種馬虎了事的做事作風，忽略了顧客投訴對企業的重要性，最後終無法重獲顧客的信賴而為顧客所離棄。其他小數量的企業對顧客的投訴十分注重，但卻局限於缺乏處理投訴的知識，以致無法有效協助企業進步、成長。

3.4.2 投訴與抱怨的區別

　　一般而言，投訴是顧客將其對企業的產品或服務不滿意的地方向企業提出，要求企業採取相應的補救或補

償行動的行為。"抱怨"是一較投訴為弱的名詞，個人認
為，只是指顧客的不滿和牢騷。但這不滿和牢騷的對象
未必是企業或企業內的員工。這即是說，顧客有抱怨的
情況，但未必向企業有關部門投訴。故此，顧客投訴可
說是一正式表示不滿的行為，而抱怨乃屬於不正式的。

　　抱怨的產生並不一定來自產品品質或服務的水平，
而可能來自銷售的環境。舉一個簡單例子說明。一位消
費者向地攤小販購買東西，回家後不知如何使用，過了
一天再回到原來地攤小販的地方，但該小販已不再在同
一地方擺檔，找不到他們，故此，買了等於沒有買，只
好將買來的東西放在一旁。此顧客購買了商品，無法獲
得進一步使用的指示而最後產生抱怨（但又無法投訴），
主要是由於地攤並不具有固定的銷售環境所致。

3.4.3　投訴或抱怨的原因

　　顧客投訴或抱怨，其原因眾多，實在數不勝數。一
般而言可綜合為以下幾類：

1. 商品不良

　　根據中村卯一郎（1992）的分析，不良商品又可分成
四小類：

　　（1）品質不良
　　　　例如襯衣衣料縮水，商品染有斑痕，肉類不新
　　　　鮮及過期，或罐頭內有異物等。
　　（2）商品標籤不全
　　　　例如商品沒有成分的標籤，或按標示的方法操
　　　　作而無法獲得同樣的效果等。

（3）製造上有瑕疵

軟件不能運作，商品有裂痕，或包裝有問題影響商品的操作。

（4）污損、破洞

商品在包裝內破裂，如酒杯或陶器破裂等。

針對商品不良這一類投訴或抱怨，我們可以從製造商責任、零售商責任和顧客的使用責任三方面來看。

首先是製造商責任。製造商在"商品不良"這類投訴中往往佔較大的責任。例如衣料縮水，軟件不能運作，罐頭中的異物等的出現，製造商實在難辭其咎，因為這些基本上是品質管制的問題。可是零售商並非全然沒有責任，因為零售商是引進產品的機構，亦有研究和監督商品的質素的責任。不但如此，零售商亦有責任將過期或不新鮮的商品從陳列販賣的場合拿走。香港很多超級市場經常將具有瑕疵的商品陳列販賣並藉口沒有時間或人手來處理，這是不負責任的行為。商品是否污損、破裂，在入貨時企業應加以檢查；陳列商品時，企業亦有機會再次檢查；到最後販賣時，銷售員亦有責任檢查商品有沒有破損或不良。假若經過這一連串的程序仍沒法找出商品有問題的地方而將商品出售，最後以"貨物出門，貴客自理"為理由要顧客負責或要顧客蒙受不必要的憂慮和不安，零售商是難辭其咎的。

最後，顧客因使用不當而令商品破損的責任當然應由顧客自己承擔。但是，對於一些容易因使用不當而令商品損壞的商品而言，製造商有否印製簡易明瞭操作的使用書亦是製造商是否應負責的主要關鍵。成功的零售商在出售商品時也應負起責任，因銷售員亦有責任向顧客示範如何正確使用商品，及在操作時所應注意的特點。

根據中村卯一郎（1992）的經驗，90％ 的有關不良商品的抱怨或投訴都歸咎於零售商在入貨、陳列、販賣時的管理錯失。因此零售商應建立一系列的服務品質管理程序，將不良商品在出售前剔除，不讓顧客購買得到。在這樣沒有抱怨和投訴的情況下，顧客才不會產生對企業不信賴的感覺，而令他們重複購買企業其他的商品。

2. 不良服務

"商品不良"因素中的商品乃屬於"硬體"，而服務或商品的週邊服務（例如銷售服務）則屬於"軟體"。不良商品引起顧客的投訴，不良服務當然也不例外。不良服務一般乃指：

- 應對不得體
- 服務標示與內容不符
- 說明不足
- 金錢上的疏失
- 禮品包裝不當
- 不遵守約定
- 運送不當等〔參看中村卯一郎的著作（1992）〕

上述有關不良服務的例子實際上可從《壹週刊》、《東週刊》、《東方日報》和《成報》等雜誌和報章見到。這類不良服務的發生實際上是由於企業對商品/服務的銷售缺乏應有的市場營銷導向，即以顧客為主的服務精神，對各級員工，如送貨員、推銷員、零售經理、銷售經理或甚至營銷經理都可能沒有給予足夠的訓練，違論在企業內建立一個健康的服務文化。

3. 新產品、新服務、新材料及操作複雜的產品引起的
   投訴：對於操作簡單的產品，顧客容易了解操作的
   過程，故獲得對產品歡迎的反應。可是由於科技發
   達，產品愈來愈複雜，不但顧客不明白如何有效操
   作，推銷員亦往往不了解產品的特性及其使用的方
   法。同理，新產品/服務和新材料亦由於顧客對其特
   性及操作陌生，或對其表現有不同的期望，故投訴
   往往隨之愈來愈多，需要企業特別注意，加強對新
   產品入貨時的試驗，了解其品質、特性與操作方
   法，並向員工提供足夠的有關訓練，以免發生問題
   時無法挽救。

3.4.4 減少投訴和抱怨的方法

　　杜絕投訴或抱怨基本上只有一種方法，便是防患於
未然。這即是說，我們應在投訴或抱怨還未形成之前，
先將之化解而不讓其出現。這實際上與預防疾病的原理
一樣。投訴或抱怨的出現，或多或少已對企業的聲譽造
成一定的影響。假若企業能在投訴之前先做好預防的措
施，企業的聲譽不但不受壞的影響，反而因提供優良產
品或服務而提升。

防患於未然可從幾方面着手：

1. 販賣優良產品

　　零售商要具有提供優良產品的精神，才能進一步聲
訂有關的策略，以確定販賣的產品是優良的、安全的。
首先，入貨的過程必須嚴格，企業對計劃訂購的產品必

須經過有關部門或研究人員充分的調查和檢討合格後才作出決定。不但如此，將訂購的產品亦應符合顧客的需求。其次，企業應充分明瞭處理商品的方法，這樣才能在銷售上對顧客提供產品的特性和使用上的建議，減少顧客在操作上的錯失。要達到這點，最佳的方法是對商品進行試驗，滿意後才進行訂購。例如對洗濯衣服時所採用的洗衣粉、漂白水，衣料的縮水程度，是否會褪色等作試驗。對商品的特性滿意後，企業可安心訂購。對販賣的商品有信心，就能對顧客提供正確的使用方法和保存方法等。第三，當商品運送到企業時，企業要進行嚴謹的檢查，以確保商品無缺陷才可正式販賣。

員工將商品陳列時，應同時確保商品在企業內運送過程中不致遭受損壞。陳列的商品的櫃架應安全穩定，不致因輕微碰撞而令商品掉下而受到破損。同時陳列的商品應保持清潔(不應染有塵埃和保持新鮮)，符合當地衛生部門的標準。因此，員工應定時對商品進行清潔，而陳列亦應盡量採用"先進先售"的方式，將先入貨的商品先販賣，以免商品過期或不新鮮。

2. 提供良好服務

"服務"是指接待顧客的方式，可分為"技術性服務"和"態度性服務"兩種。技術性服務亦有人稱之為"機能性服務"，實際上是指商品的"機能"方面，例如商品的操作方法和保存方法等的提供和闡釋。自動櫃員機的操作指示乃屬銀行服務的"技術性"層面，影印機或電腦操作亦屬此類。至於態度性服務的基本在於售貨員以和藹可親的待客之道來提供服務。由於售貨員的個性、修養不同，以及顧客對企業和服務的要求各異，因此待客之道並不是一件容易的事。在售貨員與顧客兩者之間，售貨員可受企業控制而改變，即可提供一致性的訓練來提高對商品和服務的知識；而顧客不屬於企業的個體，但他們對企業服務的要求往往與企業的聲譽、服務的價格成正比的關係。例如一個消費者到大牌檔喝咖啡，對服務的要求會較他到半島酒店的咖啡室喝咖啡遠遠為低。

3.4.5 良好服務與職前教育

不論如何，提供良好服務首先要從職前教育開始。香港很多大、小型企業往往喜歡採用所謂"在職訓練"的方法訓練員工，讓員工在"嘗試——改進"的漸進式的學習方式下成長。這種方法非但不能達到提供良好服務的目的，反而弄巧成拙，而且往往令投訴和抱怨增多。

職前教育基本上集中於態度、知識與技術三方面。有關待客之道的知識一般可經過教育的方式，讓有關員工了解和接受。技術方面亦可經過實際操作、試驗、示範等方法學習獲得。但態度方面則是三者最困難的項目，假若員工沒有正確的服務精神或態度，要改變服務情況實在並不容易。例如明瞭"顧客至上"或"顧客為皇"的意義，而以此來配合顧客的要求和心理的道理，管理階層的經理們往往不了解。香港的《壹週刊》投訴欄1994 年 10 月 14 日第 240 期）曾有一宗對 Bossini 荃灣南豐中心和中環皇后大道中分店員工對顧客不禮貌的投訴。Bossini 公司在收到投訴後不但沒有對顧客致歉，反而委託律師樓發出一封律師信，警告《壹週刊》，如刊登該讀者來函的話，則會採取法律行動。該讀者來函的信最後獲刊登，Bossini 會否採取行動，正是好戲在後頭。這個案表示了企業本身缺少了"顧客至上"的精神。（該刊讀者反映出的是一般推銷員在對答方面經常犯錯的地方，正確的應付投訴將在下文討論。）

Bossini 給《壹週刊》的律師信

Dear Sirs,

We act for the abovenamed J & R Bossini International Limited and refer to your fax dated 27th September 1994 to our clients regarding a letter dated 10th September 1994 purportedly written by a person named 創基.

Our clients have investigated the matter with their two shops in Tsuen Wan and Central and discovered that the two allegations made by the said 創基 are totally untrue and unfounded.

Our clients consider such allegations are defamatory against them as one of the leading retailers in Hong Kong.

We are instructed to advise you that our clients will not hesitate to take legal action against any person or corporation for publishing or printing such libellous allegations against them.

We are further instructed to demand you, within 5 days, to: —

1. Confirm in writing that you will not publish such libellous letter, and

2. Supply us with name and address of 創基 so that legal action can be taken against that person by our clients.

If you have any queries to our demand, please feel free to contact our solicitor, Mr. Peter K. C. Yip at 5213483.

J & R Bossini International Limited

5-10-94

3.4.6 運送貨物也大有學問

3. 防止運送時產生的問題

　　運送的最終目的是將商品平安地送達目的地。要做到這點，首先要詳細謹慎地檢查商品是否包裝妥當。包裝的材料是否恰當，能否有效地防止商品在旅途中易受破損。至於商品本身，企業亦要檢查保存的期限是否在商品到達目的地時離過期是否還有充分的時間：商品會否因運送而變質，令顧客收貨時已無法使用或食用。

　　除了運送需要快捷以外，保證所運送的商品妥當安全這種週到的方式可令顧客獲得進一步的滿足，故有小數量成功的企業採用"貨品安全送達證明"。貨品送達目的地後，送貨員並不立即離開，相反，他留下協助顧客將商品開箱和放置在適當地方，或代顧客檢查商品，重新檢查保存期限，再次確認日期，並對商品品質進一步觀察，如有懷疑，立刻要求顧客試用(食)，因運送而變質的則立即收回，另日盡快補送。若有需要向顧客進一步解釋商品的操作，運送員中亦應有受操作訓練者，以便向顧客示範，減少顧客等待示範的時間。

3.4.7 服務精神測驗表

　　筆者設計的"服務精神測驗表"共有 15 題，每題都是有關處理對顧客服務的情況。測試者須對每一情況評分，極為同意處理的方法給予 1 分，而極不同意處理的方法則給予 6 分：

（1）一位顧客查詢他所訂購的產品是否已經運到？我（指接受測驗人員，下同）不知道答案，故此我回答說："我會盡快回覆你。"

（2）一位客人要求退款。我公司沒有退款的政策，於是我回答說："對不起，我公司沒有退款的政策。"

（3）我是一家航空公司的地勤人員。我其中的一個責任是詢問乘客是否親自收拾行李。一天，有一位乘客驚奇地反問我："這是我個人的事，為甚麼我要告訴你是否自己收拾行李呢？"於是我回答說："這是我公司的規則。"

（4）我是一家酒店的銷售經理。有一天當我在大堂巡視時有一位先生詢問酒店內某一部門在何處。我於是請一位同事領他到那一部門去。

（5）一位憤怒的客人正在熱烈地與我的一位部屬辯論。作為經理，我請他到我的辦公室坐下，並聆聽他的投訴。（一）

（6）一位客人訂房時曾答應將入住日期和所需的房間類別傳真給我，但後來我並沒有接獲他的傳真。幾天後，這位客人和他的家人及朋友來到酒店，發覺並沒有預留房間給他們。我只好回答說："真的對不起，因為你並沒有將所需有關資料傳真給我們。"

（7）當我請一位憤怒的客人到我的辦公室時，對於他的投訴，我會盡量從企業的立場去解釋我們所做的都是對的。

（8）我公司要求員工檢查客人信用卡和他的身分證名字是否一致，故此作為一位櫃位員，每次客人付款時我都要求客人給我看他的身分證："請給我看看你的身分證。"

(9) 當我請一位憤怒的客人到我的辦公室時，我會靜心聆聽他的看法，並對他說："我了解到這件事令你很困擾。"(－)

(10) 我們是一家以賺錢為目的企業，因此對每種提供的服務我們都要收取費用。

(11) 我沒有嘗試獲取客人的回饋，因為這樣會令他們的期望提升至我們不能滿足的水平。

(12) 當公司要關門的時候，有一位客人氣沖沖地到來，我只好禮貌地叫他明天辦公時間再來。

(13) 我並不認為可以從客人身上獲得有用的資料來協助企業進行任何改進的做法是對的。

(14) 我公司採用分流方式來為客人服務。我的服務理念是：無論排隊的人龍有多長，我會繼續對面前客人提供最佳的服務，就算服務時間超過 20 分鐘亦是一樣。

(15) 我是一位酒店的櫃位職員。昨天，一位無法確認下一程的飛機票的房客要求我協助他與航空公司聯絡，機票確認後再通知他。可是今天我仍未能成功地確認機票班次，但我會於確認後才通知他。

上述測驗表中的 (5) 及 (9) 題後面有一符號 (－)，表示在計算得分數應將分權反轉，即極同意處理的方法得 6 分，而極不同意的處理方法得 1 分。

這測驗表的分數介乎 15 至 90 分，獲得 15 分至 40

分之間表示他的服務精神屬劣等，需接受大量服務訓練；獲得 41 分至 65 分之間者表示具有中等的服務精神，但仍需接受服務訓練；獲得 66 分至 90 分者顯示具有服務精神潛質，只需經適量服務訓練便可。

3.5

處理抱怨 15 種情境

游漢明

3.5.1 引言

　　企業的預防措施妥當，顧客抱怨自然不會發生。但企業始終是由各種人所組成，而他們的情緒、知識、經驗有高有低，從而影響服務質素，引致顧客產生抱怨。產生抱怨並不可怕，因為懂得處理抱怨能化顧客的不滿成為忠誠。因此，除了做足預防措施外，處理抱怨的手法亦是非常重要。筆者現以服務精神測驗表中的 15 種情境（見 3.4）分析處理顧客抱怨的手法。

【情境 1】

　　一位顧客在查詢他所訂購的產品是否已經運到？我不知道答案，故此我回答說："我會盡快回覆你。"

　　表面上來看，這位服務員並沒有做錯。代客查詢，盡快回覆應該是合理的。但是問題是"盡快"兩字太含糊，是指 1 天呢，還是 1 個星期呢？顧客訂購了商品，自然希望盡快收到，因為心中着急或已過了預計的收到日期才會追查。身為一位服務員應從顧客的角度去看，盡量表現出對顧客的"同理心"。因此，服務員應清楚地向顧客解釋代為追查的程序，以及按這些程序做總共所需的時間，這樣便能更明確地告訴顧客何時可回覆顧客，例如 1 天或 2 天等，這樣還不夠，服務員更需安撫顧客。若沒有顧客訂購的商品資料（如訂單等），應立刻禮貌地向顧客索取，並同時解釋原因。

【情境2】

> 一位客人要求退款，我公司沒有退款的政策，於是我回答說："對不起，我公司沒有退款的政策。"

坦誠告訴客人公司沒有退款的政策原是無可厚非的，但是這樣做只會進一步令顧客不滿。其實最重要的是了解客人退款的原因，因為了解到原因，便可進一步跟進，協助客人解決問題，退款的事便可自動解決了。例如商品不良便可以更換；顧客有誤會可以澄清；以往待客不善之處亦可以趁機道歉。使用迂迴的策略可能會有"起死回生"的效果。但是假若問題無法因而解決的話，而客人繼續他的要求而成僵持的局面，服務員應將事件報告上司，以求解決。

3.5.2 耐心解釋為甚麼這樣做

【情境3】

> 我是一家航空公司的地勤人員。我其中的一個責任是詢問乘客是否親自收拾行李。有一天，有一位乘客驚奇地反問我："這是我個人的事，為甚麼要告訴你是否自己收拾行李呢？"於是我回答說："這是我公司的規則。"

乘客對事物的看法未必與服務員或其企業相同，但無論如何，服務員應尊重乘客的立場。在這個情境中，服務員回答說："這是我公司的規則"，就是罔顧乘客的立場，而以"高壓"的手段以圖迫使乘客就範。乘客有權利知道原因，而航空公司所釐定的規則本身並非原因。其實詢問乘客是否親自收拾行李，其目的在於保護乘客本身，以免將來發現不是自己收拾的行李中有違禁品。因此，最佳的回答應該是從乘客利益的立場去解釋提出問題的原因，才會令乘客信服。

【情境4】

> 我是一家酒店的銷售經理，有一天當我在大堂巡視時，有一位先生詢問酒店內某一部門在何處？我於是請一位同事領他到那一部門去。

這不算是一個抱怨的個案，但處理的手法不當，可能會造成抱怨。作為一位優良的銷售經理，他應該帶領客人到那一部門去，或起碼引領他到可以看見那一部門的地方。無論何時，在酒店內，他代表公司的形象，不論是今天或將來，都需給予客人熱誠的接待，何況他正是在巡視酒店內各部門，他引導客人是順理成章的事。

【情境 5】

一位憤怒的客人正在激烈地與我的一位部屬辯論。作為經理，我請他到我的辦公室坐坐，並聆聽他的投訴。

這是一個合理的處理手法。繼續讓客人與部屬爭辯只會引起更多顧客圍觀。有些不明始末的顧客更會懷疑企業的服務精神和員工的質素，引起更多顧客的不滿。請憤怒的客人到辦公室，可達到幾個目的：第一，客人憤怒可能是由於部屬說出令人不愉快的話，或是在溝通過程中，顧客因為不滿意銷售員的說明而產生激烈的情緒反應。令客人離開現場會令客人情緒緩和，容易進一步處理。第二，請客人到辦公室才可令客人無法藉聲浪吸引其他客人注意，因而減少破壞自己及企業的羣眾形象的機會。第三，辦公室是一個較為安靜的地方，雙方可以冷靜交談，容易平心靜氣找到雙方滿意的解決方法。聆聽是一個非常重要的手段，從中可以了解客人憤怒的原因。第四，必要時可利用進一步交談為理由而約定時間再談。若無法平息顧客怒氣，最好的方法就是中止當日的交談，並把它延至第二天，待客人消除怒氣後向顧客直接道歉。

【情境 6】

> 　　一位顧客訂房時曾答應將入住日期和所需的房間類別傳真給我，但後來我並沒有接獲他的傳真。幾天後，這位客人和他的家人及朋友來到酒店，發覺並沒有預留房間給他們，我只好回答說：「真對不起，因為你並沒有將所需的資料傳真給我們。」

　　沒有收到客人傳真的資料，並不一定是對方沒有將資料傳送過來，所以在沒有弄清情況前，不能對客人說沒有收到有關資料之事。顧客既然曾與服務人員接觸，表示將會光顧，而後來客人果然來到，這已表示客人的誠意。因此雖然錯誤可能出自客人，但自己如能承擔責任，努力為客人解決房間問題，這批客人對酒店的忠誠度必會大增。

【情境 7】

> 　　當我請一位憤怒的客人到我的辦公室時，對於他的投訴，我會盡量從企業的立場去解釋我們所做的都是對的。

　　邀請客人到辦公室，遠離營業現場，以免影響企業的形象，這一點是對的。但這一情境的主題在於指出銷售或服務人員無論是甚麼等級，是否一定要刻意從自己的立場去解釋所做的都是對的，因為錯與對，其實應從顧客的立場去看，而不是從企業的角度去看，何況在未完全聆聽和了解顧客的投訴時，又怎能知道從企業的立場去看是做對了呢？這一情境是一個經常發生的現象，實際上表現出有關人員具有自我保護的心態，這種心態不但影響服務態度，在對顧客解釋時，反而會進一步令顧客不滿。

這種心態的形成往往是由於服務人員認為顧客有意"為難"，於是認為一般顧客都是心懷不軌，不拿出企業的政策作為"殺手鐧"便不能壓服顧客。企業內擁有這類的服務人員時，正應是企業要重新考慮檢討企業的服務策略和政策的時候了。當然少不免要對員工培訓的內容和方法加以適時地改變。

【情境 8】

公司要求員工檢查客人信用卡和他的身分證名字是否一致。故此作為櫃位員，每次客人付款時我都要求客人出示他的身分證，我會向客人說："請給我看看你的身分證。"

這情境與情境 3 相若。顧客不一定喜歡接受服務員的一些額外要求，就算是禮貌地請求，有時顧客亦會呈不悅之色。因此，作此請求時不應以企業的利益為重，而應向客人解釋："盜用信用卡的情況十分猖獗，為着保護信用卡持有人的利益及免去他們信用卡被偷後的麻煩，我公司……。"假若每家企業都能這樣做，偷卡或冒簽卡者就很難得逞，這是對顧客有利的，很多持卡者都會接受這種解釋。

【情境 9】

> 當我請一位憤怒的客人到我的辦公室時，我會靜心聆聽他的看法，並對他説："我了解到這件事令你很困擾。"

這是適當的做法。服務人員要懂得平息顧客的怒氣。聆聽是個好方法：令顧客發洩不滿，又能令服務人員自己明瞭情況，和可以進一步採取適當行動。顧客憤怒，心情當然不好過，對顧客表示同情、安慰能令顧客情緒更快平息，進一步處理就會更加容易。

實際上，假如經聆聽顧客投訴後，發覺自己員工有甚麼地方可能不對的，而説一句："對不起。"或甚至説一句："假如我的員工有甚麼做錯的地方，我先在這裏向你致歉。"是有好處的。我們不要忘記，現在趕走一位顧客，這位顧客可能會同時帶走許多其他的顧客；相反，能令一位投訴的顧客滿意而離去，他將會為企業帶來更多的顧客。

【情境 10】

> 我們是一家以賺錢為目的企業，因此對每種提供的服務我們都要收取費用。

在商言商，企業以賺錢為目的並無不妥的地方，但是收取服務費用往往成為顧客投訴或抱怨的根由之一，需要額外小心處理。由於服務的性質不同，有些服務可屬於商品範圍之內（例如送貨服務、送禮包裝服務等），因此是否每種服務都要收取費用則視乎企業的營銷策略，尤其是企業定位和目標市場的確定。企業定位高則會傾向針對收入和社會地位高的顧客，每種服務都收取費用較少會引致顧客的抱怨。但在一般的情況下，服務收取費用會引致對服務質素有較高的期望，而令顧客產生較低的滿足度。

【情境 11】

當公司剛要關門的時候，有一位顧客急忙趕來，我只好禮貌地叫他明天辦公時間再來。

這是一般服務員的做法，並無甚麼不妥的地方，但作為一位優良的服務員，他應該進一步從顧客的角度去想想是否可以網開一面，為這位顧客完成服務後才下班。因為這位客人忽忙而來，可能極急需找尋並購買一些商品；其次，他可能已找尋了一段時間，也了解到下班的時間快到，故急急趕來；第三，商店不一定有他所需要的商品，故服務員根本可適當處理後才安然下班；第四，若商店存有該顧客所需的商品，交易所需的時間也不會很長，只是遲下班些少。良好的服務往往在特殊的時候才會充分表現出來。特殊情境是良好服務的試金石，這點值得未來優良的服務員學習。

【情境 12】

我並不認為可以從客人身上獲得有用的資料來協助企業進行改進。

企業獲取資料的來源很多，顧客的回應是重要的途徑。抱怨和投訴其實是表示這企業營運中出現了問題，正需進一步了解以便進行改進。因此否定了直接從顧客身上獲取資料的重要性是企業採用駝鳥政策，不思改進的表現。我們曾討論過 Bossini 公司一宗不正確處理顧客投訴的個案。該公司最後再函《壹週刊》道歉，反映了該公司從善如流，重新認定顧客回應的重要性。雖然如此，一些公司企業往往由於當事人的性格或其缺乏服務的意識，否認顧客的意見或抱怨，甚至認為顧客是無事生非、有意挑剔。

最近，一位國泰航空公司的乘客在《東週刊》投訴在機上被一位服務員及機艙長不禮貌對待。國泰企業傳訊經理關則輝先生則回應謂艙務員有禮貌，而乘客出言責罵吵鬧，是客人不對，並謂有關艙務員已"竭盡己職，處處表現出高度的容忍及克制能力。"

據筆者乘搭國泰的經驗，也曾遇到該位投訴乘客所遇到的情況。該回應明顯表示國泰並無直接向乘客進一步查詢，落實乘客的幾點指責，例如機艙長說要擲乘客下機或指喝乘客回到座位。只憑自己所謂內部調查的結果而妄下斷語實有"同流合污"之嫌。筆者一向都強調要聆聽和忍耐，似乎被投訴的國泰艙務員及機艙長並沒有做到這點，並認為自己有權"懲罰"乘客，行為是合理的，這是非常遺憾的事。不但如此，這投訴亦顯示出國泰員工以高傲的姿態服務乘客，並不接受乘客的意見，

漠視"以客為尊"的服務精神。最後要指出的是不論乘客以何種形式表示意見，例如辱罵、叫嚷等，企業都要刻意、誠心、忍耐地聽取，不能因對乘客表達方式不悅而存有報復心理。

【情境 13】

我公司採用單流方式來為顧客服務。我的服務理念是：無論排隊的人龍有多長，我會繼續對櫃枱前的顧客提供最佳的服務，就算服務時間超過 20 分鐘亦是一樣。

作為一個櫃位員，所有的顧客，不論是在排隊的或在櫃位前的都是服務的對象。單流排隊方法的缺點便是櫃位員承受的壓力較小，可能令櫃位員的服務效率降低。一位具有良好服務精神的櫃位員必須是一位能平衡效率與效果的好手。即是說，他工作既能快速而又能將工作做得妥當無誤。因此只顧服務櫃枱前的顧客而忽略了正在排隊的顧客並不算是良好服務員。這樣只能徒增顧客的怨言與不滿。

【情境 14】

我是酒店的櫃位職員。昨天，一位無法確認下一程的飛機票的房客要求我協助他與航空公司聯絡，機票確認後再通知他。可是今天我仍未能成功地確認機票班次，但我會於確認以後才通知他。

表面來看，櫃位員的做法是合情合理的，同時亦好

像具有良好的工作態度，因為確認機票有時間限制，過速處理可能會令房客無法趕及依期繼續旅程，最後當然會招來抱怨，對酒店和自己都沒有好處。未能成功確認機票，其原因可能是航空公司的電話太忙，經常不能接通，或者是櫃位員自己太忙而最後忘記了與航空公司聯絡。實際上，不論理由是屬於前者或後者，櫃位員應在合理時間內（例如 2、3 小時）將確認機票進展情況告知房客，以便他能作出進一步決定。假若房客不在房間內，櫃位員亦應留下口信，並確使他能接獲口信才可。這情境並不複雜，基本上顯示了服務員的"同理心"，能減少投訴和抱怨的發生。

3.5.3　一種缺乏自信心的表現

【情境 15】

我沒有嘗試獲取顧客的回饋，因為這樣會令他們的期望提升至我們無法滿足他的水平。

這一情況與【情境 10】相若，是針對企業是否擁有自強不息的精神。我們一定要確定顧客回饋對企業提高服務質素水平的重要性。顧客對服務的期望愈高，亦顯示了企業的服務實質上已提升。企業擔心的應是顧客對企業的服務質素有負面的評價。服務質素上升，顧客滿意，於是經常惠顧：生意利潤增加，這又可進一步投入企業之內，令服務質素再度提升。這不斷的循環，表示了企業不斷成長，聲譽日隆，利潤繼續豐滿。不能滿足

顧客的期望是一種缺乏自信的表現，就是因為沒有自信，便會長期墮入了與顧客分隔的陷阱之中而不能自拔，這反而會令投訴增加和生意裹足不前。

4

策略與實務

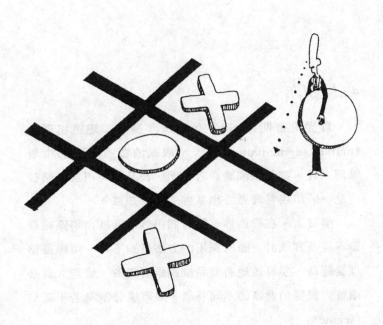

4.1

市場區格理論有用嗎？

謝清標

4.1.1 引言

　　自從史密斯(Smith)於 1955 年發表市場區格理論(market segmentation)後，一般以消費者至上的市場管理人員，都將該理論奉若神明，普遍認為市場區格技巧是一般市場管理者必須掌握的基本知識。

　　事實上，在學術界，學者們仍然不斷就市場區格理論本身及其統計方面所採用的方法爭論不休。市場區格理論認為，要有效地將商品推銷給消費者，管理人員必須首先根據消費者的不同特徵，將市場分割為若干區格(segment)。

　　由於不同區格內的消費者喜好各有不同，單一種產品不可能同時滿足所有不同區格的消費者；因此，要有效傾銷產品，市場管理者必須選取適合自己公司的區格，然後就區格內消費者的特徵及競爭等情況，為產品作市場定位(market positioning)，才能成功將產品推銷給顧客。

市場區格理論表面上十分有用，但實際應用時仍困難重重，理論本身有時亦十分空泛。例如，著名的學者韋思（Wells）在 1975 年的研究指出，用心理特徵作為市場區格的準則（psychographic segmentation）十分有效，他發現消費者其中一個心理特徵——即喜歡狩獵與否——是預測消費者會否購買彈藥筒的一個非常準確指標。

讀者想深一層，不難發覺韋思的研究結果不外是一般常識，因為小孩也知道愈喜歡狩獵的人，自然購買彈藥筒機會就愈多，研究結果對管理者可謂毫無用處。

4.1.2 叢簇分析可靠性成疑

總括而言，今天的市場區格理論起碼存在着以下問題。

首先，利用市場區格理論時，管理人員必須將市場分割成若干個區格，一般所採用的方法是統計學上的叢簇分析（cluster analysis）。市場區格理論的很多問題正出現在叢簇上。原來叢簇分析是一個高度依賴統計員及電腦程式編寫員主觀決策的統計方法。

在進行叢簇分析時，有關人員必須指示電腦採用何種程式用作計算點與點之間的距離，點與組（group）之間的距離，組與組之間的距離，以及用何種叢簇策略（clustering strategy）來產生區格。

4.1.3 管理層盲目接受結果

事實上，採用不同的計算距離程式及叢簇策略可能產生不同的區格組別，令管理人員無所適從。此外，在實際商業應用時，愛西蒙（Esslsemont）發覺很多管理人員都對這些電腦程式及統計方法一知半解或一竅不通，很多時他們都讓程式編寫員決定採用何種計算距離程式及叢簇策略，並且盲目地接受電腦分析結果，絕少嘗試了解叢簇分析的詳細運作過程，或者要求程式設計員用不同計算程式及叢簇策略去進行市場分割，以比較不同方法所產生的區格是否有顯著分別。

4.1.4 分析結果未反映實情

　　叢簇分析另一個主要的問題是，管理人員必須主觀地決定區格的數目，因而可能令區格內消費者的特徵未必一致（homogeneous），令管理人員制定策略時出現問題。

　　最後，愛西蒙指出，當叢簇分析所得的結果和整體市場的消費數據一起應用時，管理人員往往發覺叢簇分析的結果，未能令他們有效制訂市場對策。表 4.1.1 是愛西蒙列舉的實例。

表 4.1.1　愛西蒙列舉的實例		
被訪者特徵	目標區格所佔 %	其餘樣本所佔 %
• 30 歲以下	45%	26%
• 喜愛運動	20%	10%
• 學校成績平均 C 級以上	30%	15%
• 具大學學位	10%	7%
• 佔所有買家 %	47%	53%

上述數字顯示目標消費者（target customer）是年輕一族，好運動，教育程度高，所得資料似乎很有用，但當我們發現目標區格所佔全部買家的百 分比其實少於一半時，我們不禁懷疑是否應利用目標消費者的特徵來制訂策略，因為以佔 43% 的目標顧客為基礎的市場推廣手法，可能會不受非目標區格的消費者所接受，令我們喪失達 53% 的市場。

4.2

產品生命周期的啟示

陳志輝

4.2.1 引言

生、老、病、死，是每個人必經的階段。一項新產品在市場上的銷售情況及帶來的利潤，也正如人生一樣，會經歷不同的起跌階段。產品生命周期就是嘗試把產品的銷售情況劃分為好幾個明顯的階段。每個階段都展示出不同的市場機會和隱憂。理論上，市務經理要因應產品所處的個別階段，擬訂一套當前和將來的行銷計劃。

傳統的產品生命周期可將一個典型的產品銷售史繪成一條 S 型曲線。曲線大致被劃分為 4 個階段：導入期、成長期、成熟期和衰退期。

4.2.2 導入期

一件新產品初誕生時，市場上的競爭壓力多數不大，但消費者與中間商人對革新和改良的產品卻可能仍存不少戒心。公司此時的任務便是要發展和建立知名度，從而刺激試用和購買。喜愛冒險的"創新者"往往敢於嘗新，但畢竟卻是少數。由於初時的銷路小，但用於遊說顧客和開拓市場的分銷和促銷等費用卻頗大，導致利潤偏低或呈虧損，所以有效地介紹產品過人之處和令一大羣消費先驅者率先嘗試新產品，是導入期時要特別留意的地方。

4.2.3　成長期

市場反應滿意，產品漸被採用和接受，銷量便隨着慢慢上升。口碑廣傳，加上信心增加，較為保守的消費者也開始使用新產品。這時，龐大的利潤使競爭者相繼湧現，而產品的式樣和品牌，亦趨多元化。市場的增大可分攤及降低生產、分銷及宣傳的平均成本，令售價能稍為下降，由於市場需求變得複雜化，各個競爭對手也未能取得絕對的領導地位，分銷網和推廣活動在爭取優勢而言，影響甚深。

4.2.4　成熟期

當產品的銷量增幅開始減慢，便顯示已進入成熟期，利潤的頂峯也是在此階段出現。由於銷售量本身已包含了大部分重複購買，加上潛在的新顧客也大為減少，使利潤的增長再難被推廣活動所刺激。因為需求停滯不前令市場出現生產過剩的現象。推廣活動集中在折扣和優惠上，更間接地減低利潤。不少競爭力較弱的牌子會漸被取代，形成市場被少數勢均力敵的競爭對手所佔據的局面，商品的競爭更呈白熱化。個別的公司或許可發掘產品的新市場或新用途，希望能令產品再攀高峯，延長其生命。但最終也難逃衰退的命運。

4.2.5　衰退期

產品到了"人老珠黃"，失去當日的吸引力，頓然變得不合時宜時，便是被"新貴"取替的日子了。在"消費創新者"的率領下，一班一班的顧客便流向適時的產品。競爭者見回天乏術，可能大幅削價，希望收最後收割之效。此後，產品在市場上就只有甚少的出現率，甚至逐漸消失，從此光榮隱退。適逢其會的少數，可能被塑造為"懷舊"貨，但這也是別走偏鋒的另類例子而已。

4.2.6　生命周期的啟示

產品生命周期的最重要貢獻，是在於警惕我們"人無千日好，花無百日紅"的市場定律，再輝煌的產品也有被淘汰的一天。市場上競爭對手隨時也會引入新的突破，顧客隨時可能被新產品奪走。現今日新月異的科技進展，資訊之發達，加速了新產品的研究和湧現，間接加快了舊產品的衰退期。

世事如棋局局新，變幻原是永恒──公司必須以滿足顧客為己任，保持敏銳的市場觸覺，了解各方面的改變和動態，一方面改善自己的弱點，另一方面要高瞻遠矚，鞏固及保持有利的優勢，才能在瞬息萬變的戰場上作持久之戰。到了產品衰老才説句"早知如此"便悔恨已遲。當春秋正盛，便應有所打算。產品還能帶來龐大利潤時，千萬不可被"一刹那的光輝"蒙蔽了眼睛。反而更要好好部署新產品的研究和引入，令今天的豐功偉績能延續至明天才是上上之策。貨源運用就要能積穀防饑，維持整體性的優勢。

再者，市場競爭也如逆水行舟，要明白顧客實無可能對產品死心塌地。倘若不居安思危，不斷求變，天天革新，一不留神便會被對方迎頭趕上，被顧客們拋諸腦後。試問在不停進步的市場上，有人能故步自封嗎？

換句話說，產品生命周期的運用實不可墨守成規。新產品的推出不能太過倉卒，也不可遠離羣眾。在行銷而言，公司要準確掌握顧客的需要及利益，以便更有效地保持市場的競爭優勢。而且，新產品希望取得成功，除了要清楚本身的優勢和實力之外，更要針對顧客的要求及喜愛，顧及市場的大勢，以及競爭對手的相應行動。先進科學技術，加上對市場的認識與觸覺，才會事半功倍。

最後，生命周期自有它的用處，但當應用於每天的實踐時，仍須不斷的把當前的市場因素加入考慮。現實的產品生命周期未必百分百依從看那完美的 S 曲綫。況且，每一階段中或許也會因一時的市場變化而有所波動。因此，僅憑眼前幾個數據，未必能對產品真正的周期位置清楚確定。是故改變產品策劃、引入或退出時都要額外留神。

總括來說，產品生命周期的啟示，在於警惕市場經理要保持不斷創新的自覺性，才能在這千變萬化的商品市場逆水行舟，歷久不衰。

4.3

波士頓顧問團的
產品分類 陳志輝

4.3.1 引言

　　一家公司生產的產品，通常不只一項。而每種產品
又有自己的生命周期，由初推出時處於導入期，到被市
場接納的生長期，銷量逐步上升，再慢慢從成熟期步入
衰退期，就如人生經歷生、老、病、死一樣，有起有
跌。故此，為方便管理和調配資源，公司應該把旗下產
品，按類型和生命的不同階段來分類，集中管理，根據
個別需要來決定是否對該項產品加重投資，繼續催谷銷
量，還是應該另覓新血，更新換代，讓舊產品光榮退
休。

　　除了運用產品生命周期幫助產品分類管理外，這裏
將介紹另一概念相關的方法，就是波士頓顧問團產品分
類法。

　　波士頓顧問團是一家首屈一指的顧問管理公司，它
發明了按產品的市場增長率和產品在市場的佔有率這兩
個指標，把產品加以區分的方法，得到 4 種類別，分

別是：問號、明日之星、搖錢樹和苟延殘喘。

4.3.2　問號 (question mark)

"市場增長率高，但產品在市場的佔有率低的產品。"問號產品相對是在生命周期內的導入階段，這時市場上的競爭壓力不大，通常已有一領導者，公司只佔市場很小的比率，但整個市場的氣候良好，使產品有發展的空間。公司把產品嘗試介紹給這個市場，為了追趕領導者和應付高銷量增長，需要投入許多現金，用於遊說顧客和開拓市場。可是能否成功，顧名思義，仍是未知之數，公司必須三思是否繼續投入資金，還是乾脆放棄，另找一更有潛力的問號產品。

4.3.3　明日之星 (star)

"市場增長率高，及產品在市場的佔有率高的產品。"成功的問號產品便成為明日之星後，踏入產品成長期，市場反應滿意，銷量慢慢上升，甚至成為市場的領導者，這卻不表示該產品能為公司提供很多現金收益。事實上，因為明日之星必須應付挑戰者的攻擊，以維持市場地位，公司往往仍要投入大量資金。不過，隨着銷量增加，讓生產、分銷及宣傳的平均成本得到分攤及降低，盈利自然提高。明日之星便慢慢轉化為公司日後的搖錢樹，為公司提供現金周轉，發展其他產品或業務。

4.3.4 搖錢樹 (cash cow)

"市場增長率低，但產品在市場的佔有率高的產品。"當明日之星的銷量增幅開始下降，顯示產品已進入成熟期，假如仍然保持市場領導地位，佔有市場最大比率，則這顆明日之星已成為公司的搖錢樹，為公司提供大量現金收入，用以投資於其餘產品身上，這時的搖錢樹由於已經是市場領導者，有一定的經濟效益，成為公司的資金源頭。

如果一家公司只有一棵搖錢樹，那是很危險的。因為若突然失去部分市場，公司就得另有足夠資金投入，以維持其市場領導地位。如不能及時補救，又繼續從生病的搖錢樹摘取果實，支取現金的話，原來健康的樹木便會慢慢枯萎，最終只會變成苟延殘喘的產品，步進生命的最後階段。

4.3.5 苟延殘喘 (dogs)

"市場增長率低，及產品在市場的佔有率低的產品。"苟延殘喘產品不但沒有發展潛力，而且佔有很小的市場：產品盈利低，甚至有虧損，只能為公司帶來小量現金。公司必須考慮是否有足夠理由，支持繼續投資此類產品，例如預料銷量會回升，或有機會重新成為市場領導者等，市務經理不應受無謂的感情支配，依戀舊日鍾愛，或因循守舊，姑息養奸，作出不適當決定。通常，苟延產品的回報，實在不值花費寶貴的管理時間和心血，所以應該減少投資，甚至放棄這類產品。

4.3.6 總結

從以上對產品的區分，不論是運用產品生命周期理論，還是波士頓顧問團法，可以看出一項產品的分類會隨時間而轉變；而各產品的關係，就像機體的新陳代謝，一生一滅，循環不息。

推出一項新產品，對公司來說，是一個問題。若管理得宜，策略得當，該產品的銷量便能增加，亦能在市場成長，成為明日之星。此後，隨市場飽和及銷量增長放緩，明日之星遂變成搖錢樹，最後逐漸枯萎，步向生命的終點，成為苟延產品。

鑒於這個周期，公司應該自覺地在財力容許下，利用從其他搖錢樹得來的資金，不斷努力開發新產品，培養問號產品，希望它們之中有些能成為明日之星，進而變成搖錢樹，以提供資金，協助其他事業發展。這樣做的目的，是因為明白人無千日好，花無百日紅的市場定律；再好、再受歡迎的產品，也終有一天被淘汰。市場競爭就如逆水行舟，若不居安思危，早早作好部署，不斷求變，天天革新，不用多久便會被人迎頭趕上，到時便追悔莫及。要想立於不敗之地，就得採取以戰養戰之策，心懷每天都在創業的精神，及早積穀防饑，在搖錢樹還健康茁壯時，計劃好新產品的研究和引入，以維持整體的優勢來作持久之戰。

對於苟延殘喘產品，常常要警惕因循和抱殘守缺的心理，要懂得何時應該壯士斷臂，千萬不可被已過去的輝煌歷史蒙蔽雙眼，該放棄產品時便得及時忍痛割愛，不能感情用事，任由情況發展至可能拖累其他產品，甚至整個公司的地步。

　　總之，市場經理應該縱觀全局，不斷創新，努力求變，慎防因循陋習，以期能夠在世事如棋的商品市場中走出自己的康莊大道。

4.4

多面夏娃：嶄新的產品概念

冼日明

4.4.1 引言

法國哲學家笛卡兒曾説過："我思，故我在"（I think, therefore I am）。而很多現代人則會説："我消費，故我存在"（I consume, therefore I am）。在現今疏離的社會中，一般人都有一種孤單和無助的感覺。此外，隨着年齡的成長，每一個人不論在學業上、感情上，或工作上都會遇到不同程度的挫折。而購物和消費則為他們提供了一個抒發不安情緒的途徑。故此，對很多消費者來説，購買過程本身已是一種消費，而消費者享受購買過程的樂趣並不下於產品消費的樂趣。

既然產品在一個消費社會中扮演着一個非常重要的角色，究竟"產品"是甚麼呢？而消費者在每一次的購買行為中究竟是購買甚麼呢？美國著名的營銷學者伊利沙伯・許士文（Elizabeth Hirschman）曾對產品釐訂以下一個定義："產品意指任何能滿足消費者需求或欲望之物，其中包括商品、服務、人、地點、組織，以及觀念等。"而露華濃化粧品公司的創辦人查理士靈華信（Charles Revson）則曾説："在工廠內，我們生產化粧品；在零售店內，我們則銷售希望。"而著名的推銷員艾瑪韋勒（Elmer Wheeler）也曾説過："不要只賣牛排，也要賣牛排的滋滋聲。"雖然以上的定義和討論能為我們提供了一些了解產品內涵的方向，但是它們對產品的了解仍然缺乏一個有系統和深層的分析。本文嘗試從消費者滿足（consumer satisfaction）的角度，提出一個有系統和嶄新的產品概念。總括來説，產品能為消費者提供以下幾個不同層面的滿足：

（1）功能上的滿足（functional satisfaction）；

（2）符號上的滿足（symbolic satisfaction）；

（3）感覺上的滿足（emotional or hedonic satisfaction）；

（4）經驗／參與上的滿足（experiential or participating satisfaction）。

以下是每一個層面的詳細分析和討論。

4.4.2　產品就是"功能"（functions）

企業製造產品的實體，而消費者則購買產品所能提供的功能。實際上或理論上，消費者在每一次的購買行為中都不是購買產品，而是購買產品所能提供的功能。換句話説，消費者對產品所能提供的功能遠較對該產品的結構和特性更為有興趣。例如一個消費者在決定購買一個電鑽時，他不會細心分析或研究該電鑽是否由鐵、由鋼，或由其他合金所造成；他最感興趣的則是該產品是否能為他輕而易舉地鑽出所需的孔洞。同一道理，當一個消費者決定購買一部流動電話時，對他來說，最重要的不是該電話是否採用類比系統(analog system)或數碼系統(digital system)，而是該產品能否為他在任何時間、任何地域，提供清晰和準確的通話服務。

多年前，美國的著名營銷學者李維特(T. Levitt)曾提出很多失敗的企業都是因為犯了營銷上的近視症(marketing myopia)，這些企業在界定它們的業務性質時，往往建基於"我們能生產甚麼？"而不是"顧客需要甚麼？"這一個問題上。例如，在 60 年代，對數表(log table)是每一個香港中學理科生在計算時必須的工具，其後計算尺(slide ruler)的出現，代替了對數表。踏入了 80 年代，計算尺又被電子計算機(electronic calculator)所取代，而傳統製造對數表及計算尺的英國公司也被製造先進電子計算機的美國及日本公司所取代。從這個例子可以看出，消費者需要的並不是對數表，也不是計算尺，甚至不是電子計算機，而是計算功能。

4.4.3 產品就是"符號"(symbols)

隨着社會經濟的不斷發展，對很多消費者而言，產品的"功能"已不再是購買選擇的重要考慮因素，而是該商品所附加的"某種意義"。法國社會學家鮑德利雅爾在《消費社會的神話與結構》一書中，把"消費"定義為：

(1) 不是物品功能的使用或擁有；

(2) 不是個人或團體單純賦予權威的功能；而是

（3）作為不斷發出／接收而生的符碼（symbolic code）。

鮑德利雅爾更強調"物必須成為符號，才能變成為被消費的物"。尤其是當商品的"物的功能價值"的差異性逐漸消失時，商品的"符號化價值"便需要加強了。如果我們細心留意一下我們四周的商品，我們便很容易發覺許多商品在營銷策略上所強調的，再也不是產品的功能性或有用性，而是該產品的符號差異性。

商品的符號化可以分為兩個層面，一個為產品層面（product level），而另一個則為品牌層面（brand level）。例如在產品的層面上，煙草公司為了開拓年青人的市場及迎合他們的心理需要，便藉着不同的推廣方式，賦予香煙這產品一個成熟、獨立及自主的符號意義。至於品牌層面的符號化，則指每一個品牌的符號差異化。近年來很多營銷及社會學家將品牌的符號化等同傳統部落的圖騰化。所謂圖騰化，就是傳統的部落將一些動物或圖案用以代表其部落。這個圖騰化現象不但可以幫助他們識別於其他部落，更可加強他們部落中各自的內聚力及歸屬感。在香煙這個市場，我們也可以看見這個圖騰化現象。例如萬寶路香煙通過西部牛仔的形象，不但意表着雄渾與粗獷，也包含着悠然自得、堅強獨立、卓然不羣、冷靜自信的符號意義。在另一方面，沙龍香煙則通過遨遊大自然的形象，表徵着清新、健康及恬靜的符號意義。吸食以上兩種香煙品牌的顧客，也好像不期然成為兩個獨特的部落。

市場營銷啟示錄

4.4.4 產品就是"感覺"(feelings)

近年很多營銷學的學者或實務人員普遍都認為,在經濟發達的國家或地區內,理性消費已被感性消費所取代。究竟甚麼是"感性消費"呢?簡單來說,這種消費是藉着感覺或情緒氣氛來消費商品或服務,而甚於其功能或效率;或者可以說是偏於情緒性的價值甚於商品的物質性價值及使用價值的消費傾向。在感性消費的情況下,消費者選擇產品或品牌的準則再不只是基於"好"或"不好",而是基於"喜歡"或"不喜歡"。他們所追求的不再是產品或服務的"量"或"質",而是它們所能提供的一種感覺,例如:

1. "鐵達時"手表已不再是一個計時的工具,而是一種"不在乎天長地久,只在乎曾經擁有"的感覺。

2. "維他奶"已不再被視為一種傳統的營養豆類飲品,而變成為一種血濃於水的親情。

3. "和記"傳呼機已不再是一個傳呼的工具,而變成為一種在亂世或大時代中,令人刻骨銘心的難忘戀情。

4.4.5 產品就是"參與"或"經歷"(participation or experience)

對很多消費者來說,產品就是一種"參與",一種"經歷"。例如近年來,雖然香港歌星演唱會的票價不斷上升,但是歌迷的熱情仍然未減,仍然熱衷於以高價購票入場觀看。相信很多人都會同意 CD 唱片遠遠較歌

星現場演唱的素質為高，究竟甚麼原因令他們以高出
CD 兩至三倍的價格購票入場呢？對很多歌迷來說，購
票觀看現場演唱會不但給他們一個機會與其他人一起參
與膜拜他們的偶像，更可與其他觀眾一起盡情高呼、狂
叫和嬉笑，以發洩日常生活中的挫折感。除此之外，這
更是一個重要的經歷，一個令他們炫耀人前的經歷，一
個幫助他們與其他歌迷認同的經歷。

另一個例子則為 1994 年世界盃足球賽，很多人不
能親身到美國現場觀看，但電視螢光幕為他們提供了一
個集體觀看、集體參與的機會。對很多人來說，觀看今
年世界盃並不只是為了欣賞精采和出色的球賽，其實有
些人甚至是完全不懂足球比賽的規例，他們竟也可以通
宵達旦呆坐在電視機之前觀看每一場比賽。正如電視台
對世界盃的推介，強調它是——"4 年一次的盛事"和
"全人類的接觸"。為了不致迷失於世界盃這個熱潮中，
為了向別人證明你是一個追得上潮流的人士，觀看世界
盃便成為你每 4 年一次的約會。

4.4.6 結語

聖經創世記曾記載夏娃因受不住毒蛇的引誘而偷吃
了樹上的禁果。究竟甚麼原因令她這樣做呢？後世的研
究提出很多不同的見解。例如神學家指出，因為人有自
大和自我膨脹的趨向，希望能等同神。而社會心理學家
則以"抵抗理論"（theory of reactance）解釋這現象，指
出當人選擇權被限制時，便會作出反抗。在另一方面，
人格心理學家則指出，當人的本我（id）強於"超我"

（super ego）時，人便會作出一些反叛的行為。那麼，究竟甚麼才是真正的原因令夏娃違背了神給她的誡命呢？相信只有神與夏娃才會知曉呢。

同一道理，當一個消費者購置一產品時，他購買的動機和原因可能不止一個，他不但會考慮該產品的功能，更會考慮該產品的符號意義、感性價值，或參與和經歷。故此，如何找出消費者購買產品的"真正"和"深層"的原因，將會是營銷和產品經理在 90 年代必須面對的嚴峻考驗與挑戰。

4.5

香港人接受 "黃金嘜" 嗎？ 冼日明

4.5.1 零售業的新趨勢

在美國，消費者對"製造商品牌"（manufacturer brand）及"私家品牌"（private brand）印象的研究已受到廣泛重視。但除了美國外，其他地區對這方面的研究實在寥寥可數。本文的目的在嘗試填補這一片空白，並希望進一步激發這方面的研究。更具體的說，本文的結果是基於一個有關香港消費者對私家品牌及製造商品牌看法（perception）的實證研究。總括而言，本文主要集中探討下列幾個問題：

1. 私家品牌的購買者與非購買者在人口統計變項上是否有差異？

2. 購買者與非購買者在購買產品時所考慮的產品屬性（product attributes）之相對比重有何不同？

3. 私家品牌在消費者心目中有甚麼印象或感受？這些印象又和消費者對製造商品牌的印象有何異同？

4.5.2 過去對私家品牌的研究

當一品牌被一家製造商或企業所擁有、贊助及控制，而製造商或企業主要負責該品牌的生產與製造工作多於其分銷時，此品牌稱為製造商品牌（McEnally and Hawes，1984），例如可口可樂、散利痛止痛藥、黑貓電池等。反之，當一品牌被一分銷商所擁有、贊助及控制，而這分銷商主要負責該品牌之分銷多於其生產與製造時，此品牌則被稱為私家品牌或分銷商品牌（McEnally and Hawes, 1984），例如黃金嘜、百佳牌及豐澤牌等。除此之外，私家品牌與製造商品牌的基本分別在於價格與推廣策略的不同。通常來說，製造商品牌的價格一般比私家品牌為高，而且其在推廣方面的費用支出也較高（Myers, 1967）。

有關研究私家品牌的文獻指出，過往對私家品牌的研究主要集中於以下兩方面：

(1) 製造商品牌與私家品牌在消費者心目中的相對印象；

(2) 私家品牌購買者的個人特性。

在 1967 年一個有關消費者對私家品牌感受的研究中，米亞（Myers）提出證據，指出消費者對私家及製造商品牌的評價確實存有差異。在同一期間，艾寶邦與高拔（Applebaum and Gold-berg, 1967）在另一個研究中，也指出在消費者印象中製造商品牌的品質稍高，而私家品牌的價格則被認為較合理。其後，包力斯及其同事（Bellizzi etal. 1981）在其研究中也指出消費者確認為私家品牌物有所值，雖然在他們的印象中製造商品牌在許多方面皆優於私家品牌。近期，在一個關於罐頭食品的研究中，根寧涵及其同事（Cunningham et al. 1982）發現在消費的者心目中，不論在品質、營養價值、包裝、可靠程度、標籤資料、味道、種類及廣告支出等方面，製造商品牌都較私家品牌為高。

當涉及研究私家品牌購買者的特性時，過去的調查結果顯示，購買者有較強的價格意識（price con-sciousness）及店舖忠誠（Rao, 1969; Cunningham, 1961; Burger & Schott, 1972），在另一方面，非購買者則有較強的品牌忠誠。

4.5.3 香港的私家品牌

惠康超級市場是香港兩大連鎖經營超級市場之一，在 80 年代初期，它首先在日用品市場上推出私家品牌"黃金嘜"。最初，產品類別只包括幾類非食品產品，但現在已發展至 100 多種，而食品、奶類及紙巾更佔了龐大的銷售額。惠康的管理人員也曾指出，簡單的包裝和低額的廣告費用，再加上直接由製造商入貨，都能減低私家品牌的價格，所以通過此種種減低成本的方法，他們便能提供比製造商品牌廉宜的產品。

在香港的超級市場行業中，百佳超級市場是惠康最主要的競爭者。在 1985 年間，百佳也推出其私家品牌"百佳牌"產品到日常用品市場。從百佳的行動可見私家品牌在零售業和消費者心目中的地位日漸提高；此外，也反映出現時是適當的時間探討香港市場中消費者接受私家品牌的程度。由於"黃金嘜"的產品在香港有較長的歷史，而其被認知的程度在日用品市場上也較"百佳牌"為高，故本文會以"黃金嘜"作為研究私家品牌的典例和代表。

4.5.4 研究方法

· 樣本

本研究選擇被訪者的抽樣方法是採用判斷性及或然率的合併方法。首先，採用判斷性方法抽取超級市場為樣本，然後在此店內用隨機方法抽取顧客作為被訪者，由此便能選取有代表性的顧客作為樣本。

1. 超級市場的選擇。為了反映區域的代表性，首先從香港各區中選中 6 個地區，然後根據以下的選擇標準，在每一區內，選定其中一間超級市場為研究對象，依據的標準為：

    （1）該超級市場的面積不少於 3,000 平方呎：及

    （2）同時出售私家及製造商品牌產品。

2. 店內被訪者的選擇。在調查時間內（星期四上午 10 時至下午 9 時：星期六下午 2 時至 9 時：及星期日上午 8 時至下午 9 時），訪問員有系統地選擇店內顧客完成問卷。

· 以問卷作資料收集工具

在訪問期間，訪問員首先站立在收銀處附近，同時又能清楚看到店內入口處的情況。在特定的調查時間內，訪問員計算出每第 10 個進入店內之顧客。當被選定的顧客購物及付款後，訪問員便接觸該被訪者，並要

求他完成問卷。在整個研究中，共成功訪問了 200 名顧客。

　　本研究的資料收集工具為一份高度結構性的問卷，主要分為 3 部分，首部分用以收集被訪者的一般購物行為；第二部分是採用 4 分標尺的賴克梯量表（Likert-Type scale）來量度被訪者對一系列問題的同意程度，這些問題目的是反映消費者對製造商及私家品牌的態度，他們的回覆可分為(1)十分同意、(2)同意、(3)不同意及(4)十分不同意。此外，還備有兩張拍攝了以上兩種產品的彩色照片，用以協助被訪者回答有關問題。

　　問卷的最後一部分是收集被訪者的人口統計變項，這包括性別、年齡、婚姻狀況、教育程度及家庭每月收入等。這些變項在其他研究中曾顯示和購買私家品牌產品有顯著關係。

4.5.5 調查結果

• 人口統計變項

　　本文其中一個主要目的是探討私家品牌購買者與非購買者在人口統計變項上的差異。首先，被訪者依以往的購買行為被劃分為"購買者"與"非購買者"。從表 4.5.1 所示，66 位被訪者在調查前從來沒有購買過私家品牌產品（黃金嘜），因此被劃分為"非購買者"。在另一方面，其餘的 134 位被訪者在調查前則曾購買過私家品牌產品，故被劃分為"購買者"，此分類方法和過往有關研究所劃分的方法是一致的（Faria, 1979; Bellizzi et al. 1981; Granzin, 1981）。

表 4.5.1　私家品牌購買者與非購買者的人口統計變項特性

		購買者		非購買者		χ² 值	機率低於
		數目	%	數目	%		
(1) 性 別	男	28	20.8	29	43.9	10.42	0.001
	女	106	79.1	37	56.1		
(2) 年 齡	15–25	71	52.9	35	53.0	7.70	0.359
	26–35	44	32.8	27	40.9		
	36–45	16	11.9	4	6.1		
	46 或以上	3	2.4	0	0.0		
(3) 婚 姻 狀 況	未婚	75	55.9	40	60.6	0.73	0.691
	已婚	58	43.2	25	37.8		
	離婚	1	0.9	1	1.6		
(4) 教 育 程 度	小學或以下	7	5.2	5	7.5	1.58	0.811
	中一至中三	12	8.9	5	7.5		
	中四至中五	65	48.5	34	51.5		
	中六至中七	24	17.9	8	12.2		
	大專或以上	26	19.5	14	21.3		
(5) 家 庭 每 月 總 收 入	HK$ 3,000 或以下	4	3.0	2	3.0	3.77	0.582
	HK$ 3,001– 6,000	39	29.1	18	27.2		
	HK$ 6,001– 9,000	44	32.8	25	37.8		
	HK$ 9,001–12,000	27	20.1	9	13.7		
	HK$12,001–15,000	10	7.5	9	13.7		
	HK$15,001 或以上	10	7.5	3	4.6		

在 5 項人口統計變項中，除了"性別"這一個變數之外，其他的的變數與購買私家品牌行為都沒有顯著的關係。如果將私家品牌購買者與非購買者作一比較，便可以看出私家品牌的購買者主要為女性。根據以上分析，人口統計變項並不是最理想和適當的指標以區分購買者與非購買者。以上的研究結果與西方一些過往的調查結果不謀而合（Frank and Boyd, 1965; Burger and Schott, 1972; Cunningham et al., 1982）。

• **產品屬性的相對比重**

被訪者會列出影響他們選購日用品時的 3 個重要產品屬性，表 4.5.2 顯示出購買者與非購買者的選擇要素。整體而言，最重要的產品屬性依次序為價格（93%）、品質（93%）、品牌（51%）、產品多樣化（35.5%）、包裝設計（14%），大小不同的包裝（12.5%）。

數字更顯示出私家品牌購買者與非購買者存有顯著的差異。一般來說，品質是非購買者最重要的選擇要素，而購買者則認為價格才是最重要。此外，購買者也不如非購買者有那麼強烈的品牌偏好。總括來說，可以從研究結果推論私家品牌購買者較非購買者有較強的價格意識（price-consciousness）及較低的品牌忠誠（brand loyalty）。

• **對兩類產品的不同評價**

為了要探求消費者對私家品牌及製造商品牌之不同印象，便要將兩種品牌的 5 項產品屬性的平均評分作一比較。該 5 項產品屬性分別為價格、包裝設計、品質、種類和大小不同的包裝。表 4.5.3 顯示出被訪者印

表 4.5.2　購買時考慮的產品屬性

產品屬性	私家品牌購買者 (n = 134)	私家品牌非購買者 (n = 66)	所有被訪有 (n = 200)
價格	130 (97.0%)	56 (84.8%)	186 (93.0%)
品質	123 (91.7%)	63 (95.4%)	186 (93.0%)
品牌	60 (44.7%)	42 (63.6%)	102 (51.0%)
產品多樣化	52 (38.8%)	19 (28.7%)	71 (35.5%)
包裝設計	20 (6.7%)	8 (12.1%)	28 (14.0%)
大小不同的包裝	17 (12.6%)	8 (12.1%)	25 (12.5%)

* 括弧內的數字為該直行（column）的百分比。
註：因複數回覆，故百分比之和超過 100%。

表 4.5.3　被訪者給予私家及製造商品牌的平均評分*

產品屬性	製造商品牌	私家品牌	t 值	機率低於
價格低廉	2.2667	1.4154	9.39	0.000
包裝美觀	1.9239	3.2437	−14.52	0.000
品質可靠	1.7405	2.5081	−9.08	0.000
產品多樣化	1.7282	1.7282	0.00	1.000
大小不同的包裝	1.8281	2.2500	−4.91	0.000

* 採用 4 分標尺：1 = 十分同意，2 = 同意，3 = 不同意，4 = 十分不同意

象中私家品牌有較低廉的價格，而製造商品牌則包裝較佳，品質較可靠，產品大小不同的包裝較多。消費者對兩種品牌不同的態度相信是長期受市場活動影響所形成。有異於私家品牌，製造商品牌在長久時間內通常都有龐大的廣告費用支持；除此之外，其包裝及設計之精巧也較私家品牌為佳。

接着的分析步驟是購買者與非購買者就私家品牌及製造商品牌的每一個產品屬性的評價作一比較，而表4.5.4 及表 4.5.5 是分析的結果。

表 4.5.4　兩類購買者給予製造商品牌的平均評分*

產品屬性	私家品牌購買者	私家品牌非購買者	t 值	機率低於
價格低廉	2.2836	2.2121	0.46	0.643
包裝美觀	1.9030	1.9545	−0.36	0.720
品質可靠	1.6391	1.8788	−1.81	0.073
產品多樣化	1.6119	1.9848	−2.45	0.016
大小不同的包裝	1.7463	1.9394	−1.28	0.202

* 採用 4 分標尺：1 = 十分同意，2 = 同意，3 = 不同意，4 = 十分不同意

表 4.5.5　兩類購買者給予私家品牌的平均評分*

產品屬性	私家品牌購買者	私家品牌非購買者	t 值	機率低於
價格低廉	1.3358	1.5902	−2.46	0.015
包裝美觀	3.1418	3.4603	−2.20	0.029
品質可靠	2.3106	2.9630	−4.23	0.000
產品多樣化	1.6567	1.8852	−1.65	0.101
大小不同的包裝	2.2556	2.2373	0.11	0.915

* 採用 4 分標尺：1 = 十分同意，2 = 同意，3 = 不同意，4 = 十分不同意

如表 4.5.4 所示，兩類購買者對製造商品牌的印象大致相同，只是對產品種類這一項的看法有較大的分歧。將購買者與非購買者比較時，就可看出前者較傾向相信製造商品牌能提供更多的產品類別。

表 4.5.5 則顯示出兩類購買者對私家品牌的產品屬性的平均評分也有所不同。一般來說，私家品牌的購買者較非購買者傾向認為私家品牌產品價格低廉、品質可靠和包裝美觀。

總括來說，被訪者心目中對私家品牌和製造商品牌的印象，在許多方面也有不同。而印象又會因被訪者是購買者或非購買者有所差異。一般來說，前者對私家品牌的評價高於後者。

4.5.6 結論

本文嘗試尋求私家品牌購買者的特性與他們對私家品牌的印象或感受；總括而言，本文可得以下幾個主要的結論。

1. 首先，除了"性別"外，沒有任何人口統計變項與私家品牌購買者有顯著的關連；所以，日後的研究有必要嘗試採用心理變項（psychographic variables）或性格變項（personality variables）作為區分私家品牌的購買者及非購買者。

2. 香港消費者在購買日常用品時，最重要的選擇要素是價格與品質，但調查顯示私家品牌的購買者也會接受一件在他們印象中較低品質的產品，只要該產品能令他們享有節省金錢的利益。以上結果顯示，

私家品牌並不一定只吸引家庭收入較低的顧客，反
之，購買者最顯著的特點是有較強的價格意識，所
以，若私家品牌不能持續提供低廉價格的產品時，
相信大部分現時私家品牌的購買者會停止繼續購買
該產品。此結論指出私家品牌現行的低廉價格策略
是正確的做法。

3. 消費者明顯對私家品牌和製造商品牌有不同的感
   受。雖然製造商品牌在許多方面都較私家品牌優
   越，但在價格上不能最低廉。而且，對不同品牌的
   印象也會因被訪者是購買者或非購買者有所不同；
   通常購買者對私家品牌的評價高於非購買者。

4.5.7 研究本身亦有局限

　　雖然本文得出上述的結論，但研究本身也有某些限
制。首先，本文是考證香港市場接受私家品牌最初階段
的研究，而其研究樣本數目有限，故其推論不能廣及更
大的範疇。其次，過往的研究顯示，消費者對私家品牌
的感受會隨着不同產品而有所差異。本文的研究方法是
把各種私家品牌的產品作為整體去分析，故不能發現不
同產品之間的差異，相信以上兩點，可為日後同類的研
究提供參考的方向。

4.6

如何在競爭市場中
釐訂價格？ 鄺覺仕

4.6.1 成本結構定價的方法

　　定價（pricing）是現代管理學中一項重要的研究課題，因為定價與銷量決定了公司的收益，如果公司的收入能大於支出便有盈利，反之則有虧損。適當的定價可以增加銷量和收入，使利潤上升，所以對大多數公司而言，定價是管理階層的一項重要決策，需要鄭重考慮、經常檢討。但從另一個角度來看，定價並不一定可以由管理階層全權決定，因為除了公司內部的因素，例如成本、盈利要求等外，一些外在因素例如競爭對手的反應、顧客的看法、政府的考慮因素也要顧及。

　　迄今為止，一個肯定的定價模式並未確立，我們不能用一套方程式，或者一個模式來確定一個"最佳定價"，因為考慮怎樣定價的因素太多，而有些因素並不能確定，所以定價政策暫時不能由一組數學模式來斷定，但我們也可以從下列幾個角度來考慮如何定價。

　　很多研究顯示，不少公司以成本來決定售價。成本是一家公司比較容易掌握和控制的東西，它不像顧客需求，或者競爭對手的反應那樣難以確定。此外，在資料搜集方面，要搜集公司過往成本的數據比較容易；再根據過往的成本資料，加以適當調整，便可以估計現時之產品成本，並藉此定價。當然，公司須有一個有效率的會計和財務部門，才易取得有關成本資料，並知道在不同生產水平下各種成本的變化及形態，才能根據這些成本資料和公司預期利潤，來決定售價。

對新產品而言，所牽涉的困難也較多，因為即使從研究和發展部搜集到一些初步的成本數據，但將之化為公司的真正生產成本，仍然要相當多的調整和統計。例如在試驗間的成本與在工廠投產的成本並非完全相同。而各種原料，如果可以大量購買，可以有相當的折扣優待，而工人在生產過程中，因為重複運作的關係，會令成本逐漸地降低至某個固定水平，所以計算工資成本時也要考慮"新"的工資成本。當然，我們也應該考慮工人經過"學習"階段後因熟練而減少的原料損耗。

4.6.2 變動成本難用以定價

但所謂"成本"亦有不同定義，從表 4.6.1 可見，如果根據變動成本為基礎來定價，每單位的變動成本是 40 元，再加上 150% 來彌補各項支出和利潤，定價便是 100 元了。根據變動成本再加上 150%，這 150% 是用來應付各類產銷成本、管理費用，和"合理"利潤。這種方法因為並未詳細考慮公司的固定成本，如果銷量低於估計，便可能出現定價太低之情形。

表 4.6.1 根據不同成本*數字下的定價

(1) 根據變動成本	總變動成本	$ 40
	加上 150%	$ 60
	• 定價	$ 100
(2) 根據全部成本	總變動成本	$ 40
	分攤固定生產成本	$ 20
	加上 66%	$ 60
		$ 40
	• 定價	$ 100
(3) 根據資產回報	所需資產 $ 200	
	資產回報(依回報率 10% 計算)	$ 20
	總變動成本	$ 40
	分攤固定生產成本	$ 20
	分攤固定銷售費用	$ 20
	• 定價	$ 100

* 成本可以從不同角度來劃分，如果某類成本不會隨着產量的變動而增減，例如工廠的租金支出，或者機器折舊等則列為固定成本，但另一些成本隨產量多寡而增減，例如原料費用，則屬變動成本。

　　變動成本佔總成本多少視乎不同行業、不同公司及不同經營者而定：公司決策人也可能以全部成本來作為定價的基準，首先要決定產量，再將固定成本按估計產量來分配予各種產品。此外，公司在訂價時除了考慮直接的變動成本，間接地分攤固定成本或銷售費用，更要考慮資產的機會成本(即投資成本)，附表中第(3)項根據資產回報定價，即考慮了生產資源的機會成本為 $20。

　　用"全部成本"來定價是一種比較安全的做法，如果能夠收回"全部成本"起碼總不致虧損吧！但要計算全部成本，首先要決定(或估計)一個生產水平，然後將各項成本，根據成本形態來分配於不同產品。在不同產銷水平便有不同的單位成本，定價決定於產銷量，而產銷量又決定了定價，形成一個循環現象。所以如果決定全部成本作為定價的基礎，必須注意各項產銷量是否配合。

　　如果考慮各項投資的"機會成本"，可以用資產之預期回報，加上各項變動成本和固定成本來定價，但這需要的成本資料較多，而且要能將各項有關資產分開，才能訂下價格。無論如何，根據成本定價，只能求取"不敗"，要將利潤極大化，須從經濟角度來訂定價格。

4.6.3　可依經濟模式定價

　　從正常心理來看，如果貨物的售價越高，銷量應該越少，所以邊際收入應該是越來越低。邊際成本就不同，起初產量越高，成本越低，但到了一定的產量水平，邊際生產成本將會上升，因為在一定生產設備的限制下，必須添置設備或人手，才能提高產量，因而會令平均成本和邊際成本上升，如果將這些關係圖象化（圖 4.6.1），可見最理想的售價是 OP 而銷量是 OQ，

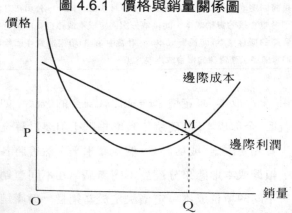

圖 4.6.1　價格與銷量關係圖

在這銷售水平和定價下，利潤應該是"極大化"了。

　　一般商品都是在售價提高時，銷量將會降低；相反來說，如能降低售價，當然也有助於增加銷量，但究竟甚麼是"最佳的定價"呢？這個仍須考慮成本因素和不同產品的"貢獻"而定，不同產品所面對的競爭對手和顧客反應都不相同，絕難一概而論。但如果某種商品的價格彈性（price elasticity）較大，換句話說，如果價格下降5%，產品銷量將會增加 5% 以上，在這情況下，適當地調低售價可以增加銷量，從而增加利潤。

　　但如果某些產品的價格彈性較小，而該等產品又很少替代品，或者缺乏競爭對手，就不應隨便降低售價，反之，如能稍稍提高售價，就可能有更大的得益。

4.6.4 需求曲綫難於定準

　　利用經濟理論體系內的邊際分析，找出邊際成本等於邊際利潤時的售價和銷量，是理論上最完美的定價模式，很多公司都利用各種各樣的測試、研究、市場調查、實驗試計、統計資料分析等……來估計市場需求；然後再配合本身的成本模式來定價，但在實際運作時往往發覺，即使用盡一切方法，都不能找到一條長期的、肯定的需求曲綫；只能對短期的顧客需要，有一個初步而模糊的估計，這些估計隨時可能改變。例如我們一般都估計售價愈高，銷量愈低，而售價降低，則銷量便會上升，但這條需求曲綫的"真正面貌"卻未可確定，它未必是一條"平滑"的綫圖，它可能是一條折綫，如果將價格稍稍調低於顧客的心理關口，會相當程度上增加顧客的購買意欲，所以在一般商品市場上很多商品的價格都採取奇數價格（odd price），例如 99.5 元或者 1,995 元，以顯示給顧客一個"較低價格"的假象。

4.6.5 影響銷量因素甚多

邊際分析的另一個缺點就是這個分析的對象只局限於售價和銷量兩個變數。但在真實世界中，影響銷量的因素何止價格，其他如產品包裝、促銷手法、分銷網絡、廣告的配合等內在因素無一不影響銷量，而外在環境因素如競爭對手的反應、顧客的心理、政府的扶助或管制行為等等亦會影響銷量，所以根據邊際分析來決定價格只是一種極其簡化事實的做法。

況且公司經營目的在於"長期"利潤極大化，但現時的分析最多亦只局限於短期分析，而對"長期分析"的有效性更加大大地存疑。此外，在寡佔競爭（oligopolistic competition）的情形下，市場由幾個重要的賣家控制，如果賣家要謀求最大利潤，只能藉協議或者價格領導而達到，就像香港的電影票價，基本上都是相同（個別戲院可能會提高票價或降低票價，但差別都不會太大），或者香港報紙現行售價也是劃一的，暢銷的報紙不會加價，銷量低的報紙也不降低求售。又好像香港的汽油公司，它們的產品價格一般都是一樣，如果個別公司提出加價（或者減價），其他公司都會很快跟隨，所以在現實生活中，定價也不會完全依照邊際收入等於邊際成本這一個模式的。

甚至也有售價愈高，需求愈大的情形出現，例如香港政府售賣"幸運車牌"如果價錢越高，所收到的宣傳效果越大，傳媒爭相報道，車牌得主也會十分高興，所以售賣車牌這種"炫耀性消費"又和一般的經濟模式定價有所不同了。在外國，連街道的號碼也可以給錢而更改呢！

4.6.6 根據市況定價

　　根據成本或邊際分析來釐定價格都並不理想，如果公司能夠因應公司商品所面對之各種變數而制訂不同的策略。例如有些公司避免採用一些個人化的定價政策，反而會採用市場上的現行市價，或者略加調整。這種做法一方面可以說是非常"安全"，而且決策成本甚低，不必精確計算成本或者估計顧客需要。當然，所定之價格必須最低限度能夠收回變動成本。

　　另一個考慮因素是公司不一定追求長期利潤極大化，也可能追求營業收入極大化（sale revenue maximization），這是包模（Baumol）在 50 年代提出的，因為銷量或市場佔有率也是衡量公司經營業績的一個重要指標，很多學術研究顯示這種想法代表了很多大型廠商的實際決策行為。

　　如果不能在事前估計需求，公司也可以透過實驗性的定價（experimental pricing），利用一系列受控的實驗進行測試，找出一個比較適合的產品售價，這種方法對新產品的定價比較適合。為了維持某種新產品可以長期生產、降低生產成本以至原料成本和工廠其他支出，有些公司試圖以低價入市，滲透市場，進而爭取顧客，希望顧客能"貪便宜"而買來一試。有時甚至加上退貨的

方便，以加強促銷網絡，深入大眾市場，公司會認為初
期比較高的成本支出可以當作"廣告支出"的替代品。利
用這個政策，公司可望確立形象和市場佔有率，至於將
來是否增加售價以求利潤，就視乎當時情況而定。

4.6.7 低價入市爭取市場

　　或者我們可以利用《壹週刊》為例略加說明，《壹週
刊》是現存的其他週刊的一種"變種"，它不是純粹的經
濟週刊（如經濟一週或每週財經動向），也不是類似明報
周刊的消閑性刊物，可以說是一種新產品，當初它的定
價有幾個選擇，例如每期 18 元、15 元抑或 12 元，由
於《壹週刊》的獨特性，它可以說是"獨具風格"而不是與
現存的其他週刊直接競爭，也不能將經濟週刊或娛樂週
刊的售價直接採用作為新刊物之定價。在幾個不同的定
價中，它選擇一個比較低的定價，希望初期可以盡量擴
大市場佔有率，至於以後何時再調整價格，則視乎銷量
走勢和市場調查結果而定。

　　當然公司也可以有另一套做法，就是以高價入市，
銷售在市場上未有競爭對手之全新產品，產品以"高姿
態"入市，一方面可以為產品營造高格調形象，也可以
趁未有競爭對手加入前賺取更多利潤，為公司實力打好
基礎。就像昔日的即影即有相機、個人電腦、電視機、
錄影機、圖文傳真機等新產品在面世初期都將售價定得
很高，但在一定時間後，競爭者可能推出新產品來加入
競爭。由於市場內替代品增加，即是價格彈性增加，原
來的公司如果要維持產品的原先市場佔有率和增加盈

利，就要考慮將產品之價格凍結，而不隨通貨膨脹而調升（這已經是實際上將價格調低了），或甚至真的降低售價。好像外國的書本在初出版時只有昂貴的精裝版，但在一定時間後便推出普及平裝版，都是應用同一項原理。

4.6.8 高價入市營造形象

例如"阿二靚湯"進入市場之初採用高姿態，將價格訂得比一般的湯品店或燉品店的取價更高，希望顧客更有信心光顧，營造一個高級形象，至於其後跟風者很多，所以價格就不能大幅上升，以保持市場佔有率。

公司也會因應顧客的心理反應，對一些單價較低之貨品，只是粗略地分為幾種價格（如 10 元、20 元、30 元），每一個價格可以說是一個分區定價（price lining），可能某些貨品的定價連成本也不能收回，但也可以達成促銷之目的。

在公司定價實務中應用最多的是差別取價（price discrimination），指公司對同一物品的同一買家或不同買家收取不同價格，而此種價格差別並非因為不同成本而導致。例如：

- 數量折扣──對單一購買大額數量產品所作之優待；
- 累積折扣──對累積購買量達到一定數量所予之優待；
- 分區定價──相同產品在不同地區收取不同價格；
- 分時定價──在不同時間收取不同之價格，例如地

下鐵路公司在繁忙時間收取附加費，
快餐店在下午時推出特價套餐，酒吧
之"快樂時光"等等。

　　不同用途之分別定價：例如商業電話之收費比住宅
電話收費較為便宜，以前電力公司對"粗電"和"幼電"收
取不同電費，等等。

　　因應管理要求的定價：例如香港地下鐵想將繁忙時
間的乘客量轉移至非繁忙時間，就透過向乘客收取"附
加費"這種差別取價方式，可惜這個建議並不為市民廣
為接受，因為收取附加費就像向乘客收取罰款似的，但
乘客只是因為生活所需才被逼要付"附加費"。但後來地
下鐵又推出"早晨特惠收費"以至現在所稱的"平衡收費"
辦法，有"賞"有"罰"。市民大眾就較易於接受了，所以
除了定"價"外，定"名"也很重要呢！

　　其實釐定價格主要是為了不同目的，包括謀取利
潤、穩定價格和利潤、爭取市場等，所以在管理上看定
價，便不能單純以經濟角度或數量角度來考慮。有時為
了公司整體目標，部分貨品可以"蝕本價"出售也說不
定，而考慮定價時，公司應該先要釐定一個基本價格，
再視乎實際情況例如地理分區、推銷策略、產品組合等
因素而加以變化。鑒於商品市場千變萬化，相信不易確
定一個長期性的定價模式。

4.7

"厚黑"與"薄白"推銷學

謝清標

4.7.1 引言

在這個高度競爭的商業社會，很多推銷員為銷售產品會盡一切辦法，有部分甚至但求目的，不擇手段，以達致成為一個超級推銷員之目的，彷彿引證了李宗吾先生在《厚黑學》一書中的名言，"古代的成功人士及英雄豪傑，沒有一個不是面厚心黑的"。

李宗吾品評三國英雄，認為最突出的是曹操和劉備。他對曹操的評價如下："他的特長，全在心子黑：他殺呂伯奢，殺孔融，殺楊修，殺董承伏完，又殺皇后皇子，悍然不顧，並且明目張膽的説：'寧我負人，毋人負我'。心子之黑，真是達於極點"。至於面皮厚，李宗吾則首推劉備，他説："他（劉備）的特長，全在臉皮厚，他依曹操，依呂布，依劉表，依孫權，依袁紹，東竄西走，寄人籬下，恬不為恥，而且生平善哭……遇到不能解決的事情，對人痛哭一場，立即轉敗為功"。劉備和曹操皆是一世英雄，可謂三國時之雙絕，所以李宗吾説："當看他們煮酒論英雄的時候，一個心子最黑，一個臉皮最厚，一堂晤對。你無奈我何，我無奈你何，環顧袁本初諸人，卑卑不足道，所以曹操説：'天下英雄，唯使君與操耳。'"

4.7.2 垓下之敗　厚黑不足

李宗吾又舉項羽失敗的例子，他認為項羽失敗的原因，就是他為人太過"婦人之仁"，即是心有不忍，心地不夠黑。另一個失敗的原因就是"匹夫之勇"，即是受不得氣，臉皮太薄，垓下之敗，項羽竟説："籍與江東子弟八千人，渡江而西，今無一人還，縱江東父兄，憐我念我，我何面目見之。縱彼不言，籍獨不愧於心乎？"可謂大錯特錯。至於鴻門夜宴，李宗吾認為項羽只要忍心用劍在劉邦頸上一劃，江山立刻歸他所有，可是他畢竟不夠面厚心黑，竟然讓劉邦逃走，結果"身死東城，為天下笑"。由此可知，項羽和劉邦的厚黑本事相距何止十萬八千里，李宗吾 評劉邦説："親生兒女，孝惠魯元，楚兵追至，他（劉邦）能夠推他下車：後來又殺韓信，殺彭越……劉邦天資既高，學力又深，把流俗所傳君臣、父子、兄弟、夫婦、朋友五倫，一一打破，又把禮義廉恥，掃除淨盡，所以能夠平盪羣雄，統一海內。"

李宗吾"窮索冥搜，忘寢廢食，求之四書五經，求之諸子百家"，把這批人的歷史反覆研究，結果把成功的"厚黑秘訣"發掘出來。李宗吾的厚黑大法可分為三重，均經常被應用於推銷術方面。厚黑大法的第一重是

市場營銷啟示錄

"厚如城牆、黑如煤炭"，推銷員到這個境界，只能算是略有小成，因為城牆雖厚，轟以大砲，還有打破的可能：煤炭雖黑，但顏色討厭，眾人都不願挨近它"。

厚黑學的第二重是"厚而硬、黑而亮"。到達這個層次的推銷員，任你如何攻打，他一點也不動，就如"退光標招牌，愈是黑，買主愈多"。到達第二個層次的推銷員，已經深得厚黑精髓，有機會成為超級推銷員，但仍然未到達最高境界，因為還是"露了迹象，有形有色"。

4.7.3 無形無色最高境界

厚黑學的最高境界就是"厚而無形，黑而無色"，這個境界博大精深。"至厚至黑，天上後世，皆以為不厚不黑"。推銷術能練至此層次，即使尋常缸瓦，亦可作為具紀念意義之稀有文物以高價出售，更兼贏得買方的衷心感謝。但要到此境界，非天賦異稟，兼機緣巧合難以達成。

綜合上述討論，現今社會以厚黑學為本的銷售方法本已成為推銷成功之不二法門。筆者任職推銷員時亦嘗試用厚黑之道去完成交易，但始終感覺厚黑推銷法似乎有違個人之道德標準及高尚品格。雖然有可能賺取可觀的佣金，心內始終覺得有愧。有鑑及此，筆者遂廢寢忘餐，明查暗訪，有次拜讀莊遜（Johnson）及韋爾信（Wilson）的一分鐘推銷員（*One Minute Sales Person*）後，恍然大悟，終於求得符合個人情操又比厚黑推銷更有效的"薄白推銷學"（薄白學一詞見李宗吾《厚黑學》，297頁）。

4.7.4 背道而馳 攻心為上

有關這個"薄白推銷學",道理其實十分簡單,正是"眾裏尋他千百度,驀然回首,斯人卻在,燈火闌珊處"。修練"薄白推銷學",推銷員必須停止考慮自身的利益,相反必須站在顧客一邊,協助對方購買適合的產品。舉一簡單例子,假如其他牌子的產品比自己的較能解決顧客的問題,推銷員應該將競爭對手的產品推薦給顧客。當顧客體會你關心他的利益多過關心自己的利益的時候,他會對你另眼相看,所謂攻城為下,攻心為上。要知道推銷最大的障礙就是客人對推銷員的戒心,如果一個推銷員能夠破除這個屏障,推銷還有甚麼問題呢?

讀者可能置疑,如果自己產品已是一無是處,推銷員又不鼓其如簧之舌去推銷這產品,反而推薦別人的產品給顧客,公司豈非倒閉不可?答案是絕對肯定的。但筆者愚見,如果閣下的產品是一無是處,根本不能帶給消費者任何用處的話,閣下的產品是否應該被淘汰呢?歷史上有哪些無用的產品是可以靠"天花龍鳳"的推銷手法得以長久保存呢?即使閣下的產品不是沒有特別之處,但在某情況下別人的產品是對顧客更適合的話,你又何必費雙倍唇舌花太多的時間去説服對方買自己的產品,而最終令對方為交易而感到懊悔呢?據市場學的研究發現。消費者如果不滿意某一產品的話,他會向約達20個人傾訴自己的牢騷;相反地,如果他們滿意該產品的話,他只會向約8個人表達自己的意見。

所以，筆者認為，推銷員與其花精力將不適合某顧客的商品推銷給對方，不如將精力用作找尋更適合的顧客對象。由此看來，勉強推銷不適合的產品只是為自己公司作反面宣傳，銷售員愈努力，顧客愈多，帶來的只是愈深的積怨，形象的崩潰，公司的倒閉也在所難免。

　　上述有關"薄白推銷學"的敍述只是初級的層次，因為推銷員雖然事事為顧客着想，心底的目標仍然是想完成交易，還是有迹可尋。高層次的"薄白推銷學"必須建基於推銷員對人類愛護的崇高氣節，一種完全沒有私心地為客人解決問題的道德操守。筆者以為"薄白推銷學"不但是成功推銷的不二法門，更是成功人生的不二法門，所能達致的境界可能比厚黑推銷術更高一層。

4.8

如何克服
推銷三大困難？ 游漢明

4.8.1 引言

　　對於一個新進的銷售員來說，推銷是一件令人頭痛
的事。由於入行的時間短，許多銷售員未能從自己淺薄
的經驗中領悟出"推銷"的要訣。一些資深的銷售員卻以
為用"以誠意為本"來推銷，必無往而不利。這兩類銷售
員都往往會偏重於以誠意和蠻幹來推銷，而忽略了推銷
是一門學問，其工作範圍不僅是向客戶獲取訂單而是包
括了市場調查，顧客管理和協助商戶等，"誠意為本"的
推銷是優良推銷的基本條件，但並非是充分條件。因此
一個新進的銷售員除了應具有誠意外，更須能克服推銷
中的實際困難，才能晉身於優秀銷售員之列。本文選擇
了推銷中之 3 大潛在困難來討論：顧客的接觸、約談
和顧客的反駁。

4.8.2 接觸潛在顧客

　　當你知道你的潛在顧客，如何與他接觸是一件頗傷

腦筋之事。通常與潛在顧客約會，不外乎有 3 種方法：

1. 寫信──寫信的失敗率甚高，通常來說，你可能連回信也收不到。但假若你欲利用信來達到你的目的，你應注意下列 3 點：

   • 要令收信人清楚了解你在關心他的需要。

   • 要令收信人心中在疑惑哪種方法才是最能滿足他的需求。

   • 要求會晤。

2. 電話──電話應是較易與潛在顧客接觸的工具。目的與寫信差不多，但絕不應在會晤前給予過多的資料，以免影響會談的效果。當然你亦可利用電話來進行銷售，但應絕少應用於一新客戶上，最好是不要嘗試在電話上銷售，一切重要說話應留在與顧客面對面時才說。

3. 突擊會談──突擊訪問潛在顧客能獲得省時及立竿見影之效，但應注意：

   • 不應在兩次約會中進行訪問。

   • 要了解一新公司的情況。假若你不能預約好，不要重覆突擊訪問，因為他們會準備好拒你於門外的方法，這時應盡量採用電話。但在另一方面，在突擊訪問時，不要先搖個電話給潛在顧客，假若他拒絕與你會晤，那麼你連突擊訪問的機會也沒有了。

   在突擊訪問時，潛在顧客的秘書或招待員就是敵人。我們應盡量少給他們資料，絕不給他們自己的名片。因為，你愈給他們資料，他們便能夠找到藉口而拒你於門外。你應假設自己有權與潛在顧客會晤，不要裝得很軟弱的樣子，起碼應表現得與你想會晤的人在同一地位。在談話中，宜採用簡單的應對。假若他問：″你是哪一家公司的？″或″找他有甚麼貴幹？″你只需簡單回答：″中大──他在嗎？″假若你感到潛在顧客會通過他的秘書問你的來意的話，盡量遠離他走到接待處的另一端，好讓他不能一邊拿着電話一邊與你談話。過後，則對他說：″問題非常複雜，或者要我親自與他談幾句話。″然後拿起電話與他定一個會晤時間，一個時間不可能的話則安排另一時間。你與他的秘書接觸，採用同樣的方法，盡量避免她問：″你找他有甚麼貴幹？″

對應秘書和接待員，要緊記下列數點：

1. 不要試圖向她銷售。
2. 不要讓她給你找一個不能作主的人。
3. 假若你想找的人不在，不要留下你的名字。
4. 應盡量採取主動，不要留下電話號碼。
5. 不要留下有關推銷冊子和電話，這只會浪費你公司的金錢和時間。

4.8.3 約談

假若你已能與客戶見面，相談有關生意之事，這時你應注意下列數點：

1. 切勿在接待處談論公事。因為這給人一種對事不誠懇的感覺，而且接待處往往人多，被干擾的可能性很大，會令客人感到不舒服。談話的地點通常不難找到，給客人一個暗示，說你需要一張桌子，並盡量保持站立直至他帶你進入辦公室為止。

2. 不要忘記買家與推銷員雙方初期在心理上是處於相對的地位。買方處於守勢，而推銷員則處於攻勢。因此會談時應視辦公桌為交戰綫——一個會談中的實體障礙。盡量與買家坐在同一邊，對方坐時勿站立；對方站立時亦切勿坐下。

3. 你要了解自己的產品/服務能否滿足顧客的需求，假若能夠的話固然最好，否則，你應能夠指出顧客的要求並不重要的理由和他應注意的一些更重要的標準。

在這階段，切勿提出你產品的銷售點或利益。先要等顧客將他的購買理由、需求，或購買標準一一提出。你要以自己產品的獨特屬性來滿足顧客的需求，不用放太多時間與對手產品共有的產品屬性上，不要忘記採用顧客的語句或術語來表達。

在這時應對現況作一撮要，對顧客說："你需要的東西第一是……；第二是……。有沒有遺漏甚麼？"假若顧客認為你所提出的都對了，你便可開始介紹：

• 產品的特性
• 產品的功能
• 產品對顧客的益處

顧客只對自己和他的困難產生興趣，而非你的困難，除非你能將你所提供的產品及服務以他的情況表示出來，否則，你在浪費你自己的時間。因此，你應注意到下列數點：

1. 若希望能與他溝通，先要弄清楚顧客滿足自己需求的重要條件是甚麼。
2. 重新整理需求重要性的次序，以說服顧客當購買你的產品時，他將獲更大滿足。
3. 重新整理顧客對他自己需求的定義，這樣你便能證實你的產品能滿足他重要的需求，至於他的其他需求更顯得無關宏旨了。
4. 要對你產品特別的利益或屬性創造一種強烈的需求。
5. 你一定要證明"你的產品能滿足他的需要"是非常重要的，而他不能對他的決策有所遲誤。
6. 你要證明該新產品能對他的系統增加極大的價值，因此當討論價格時，你不費吹灰之力便可證明他付出的費用是值得的了。

在推銷時，時常假設顧客已購買了產品，故不應說："假若你買了這部機械……"；而應說："用我們公司的產品，你財務上的困難便可迎刃而解。"

會談時應避免被人騷擾，因干擾會破壞銷售的程序。假若無法避免的話，要繼續會談，並確定雙方是否持有同一見解。

整體來說，推銷員應帶領整個會談，令顧客多談話。推銷員所應做的是留心聽，並提出問題，讓顧客不停地說話。在這階段，你需要以下資料：誰？為甚麼？甚麼？何時？何地？如何？

甚麼——甚麼是決策上最重要的因素？

哪些是顧客訂購的標準？

通常一位顧客對新產品要求 4 至 5 個的好處，列出那些是對方需要的，那些是對方不需要的；最低限度注意顧客通常喜歡保留現有產品的好處而希望減低其缺點。

為甚麼——這些因素之重要原因何在？

怎樣——對顧客來說這些因素怎樣重要，列出標準可了解顧客的"欲望"——了解選擇的標準可幫助了解顧客"需要"些甚麼。

4.8.4 顧客的反駁

若顧客對你的提議提出反駁，實際上是給你一些寶貴的提示。

1. 顧客對你的提議有反應；
2. 顧客對你提議的內容作出反應；
3. 有些問題需重新解釋清楚；
4. 顧客對你所施予之壓力提出反應。

因此你應在接觸前有充分的計劃，刪除一切邏輯上和情感上有疑點的反駁。真誠的反駁通常較容易應付，而虛假的反駁往往會令推銷員頭痛。因此，切勿表示軟弱，應理直氣壯地問顧客："假若我能解決你所提出的困難，你將會給我訂貨，好嗎？"假若他回答"是"，他的反駁便是真誠的。但假若地立即提出其他問題，則表示他沒有誠意。這時切勿立即回答他，等他繼續說下去；切勿發怒，否則你將全軍盡墨，但一定要表現得堅強，

"甚麼東西能真正令你……"

若他對自己反駁加以誇大，盡量獲得他同意從頭討論一遍，然後再逐一回答他的問題。切勿用強，因為一個沒有得到的銷售根本就沒有損失過。

　　顧客的反駁很多都是事前可以處理的，因此會談前應多搜集資料和作事前的準備。以下是一些事前可以處理的反駁。

1. 猶豫不決時

　　顧客通常會說："我想考慮一些時候才答覆你。"

　　銷售員應肯定地說："若你想在 2 月前需要這個產品……。"

　　對顧客決策的標準簡單地撮要一番，並獲得他對這些標準表示同意，以免顧客日後再改變主意。並找出誰是決策者："你是否能單獨作出決策或者需要董事會通過？"這樣可免顧客日後說："我一定要將我的建議提交董事會決定。"當然，假若要經董事會批准，銷售員亦可要求對方答署臨時訂單，但需要找出誰是決策者。

2. 顧客的情況特殊時

　　認為顧客的需求不是一般性的。不要讓顧客說："我的情況特殊，你未必能完全了解。"否則，你便無法向顧客證實：

　　（1）你了解他的情況；

　　（2）他的情況並非特別；

　　（3）他是錯的。

　　到此階段唯一你能使用的便是："當然，沒有兩家公司是一樣的。"的銷售術語。

3. 競爭者的產品

　　顧客可有 4 個選擇：

（1）甚麼也不做；

（2）將金錢花費在其他物品上；

（3）購買你對手的產品；

（4）購買你的產品。

　　使用以下肯定語句的手法，令顧客同意你的銷售點：

　　"使用新產品，你能做這樣、那樣──對你自己和公司都有好處──你一定要買這個產品，是嗎？"來克服第 1 和第 2 點。

　　不要提及競爭的產品，以免給它免費宣傳。

（1）加強決定的重要性和價值如何立刻影響你的顧客和他的公司。

（2）以時間和機會（成本）來證實不立刻決定購買是不值的。

（3）顧客雖然可以躲避現行產品的缺點，但無須繼續使用，因為通常有更佳解決問題的方法，而你就是在介紹這種更佳的解決方法。

（4）謠傳：通常一個產品都有與它有關的流言，而多數的流言對產品都是致命的，因此，銷售員要假設顧客多少已聽聞一些對產品有損害的流言。因此，時常問顧客，"知道一些甚麼？""你聽聞甚麼有關我們的產品的新聞？"盡早使用諮詢銷售來建立顧客對產品的信任。

（5）價格：價格是任何銷售中的最後的反駁。顧客會認為產品的利益和價格不值獲取的成本。因此將價格放至最後討論，切勿被顧客擾亂此次序。假若你在提出產品其他優點之前先說出價錢，顧客會當場決定不購買你的產品。

(6) 新環境：你一定要了解何種環境會影響顧客不購買你的產品(或服務)。將這些因素記錄下來並於會談中盡量避免提及。

4.8.5 總結

總言之，要處理顧客對有關競爭者產品的反駁時，要做到以下數點：

(1) 知己知彼；

(2) 不要提及對手的名字；

(3) 不要攻擊他們；

(4) 針對他們的弱點來銷售；

(5) 稱頌他們無法做得好的地方，或稱頌他們一些無關痛癢的優點。

以上針對推銷中三大困難所提出的解決方法當然並非萬應的靈丹，銷售員應視乎環境而使用。不過，作者相信這些方法可令銷售員了解到推銷時對話的先後次序和銷售前準備工作的重要性。

我們不要忘記，銷售成功與否受多種因素影響。經驗和銷售員的性格只是其中兩個因素；銷售術和事前的準備卻因每個顧客的異樣性而成為重要的成功因素。

香港便利店的顧客特性

陳志輝　冼日明　何淑貞

4.9.1　引言

在過去數年，便利店已經成為香港零售業重要的一環。從 1981 年 4 月至 1985 年底，便利店的數目已經增加至超過 140 間，而且預期在 1990 年前，更會增加至 300 間（Roberti, 1986）。

一些零售業家和學者（*Economic Digest*, 1983; Ho & Lau, 1986）常倡導對便利店這種新式零售機構作學術研究。雖然便利店在近年有長足發展，但對於便利店消費者的研究卻並不多。本文的宗旨在於提供一些關於便利店顧客及非顧客的特性和需要的調查。

4.9.2　分辨兩類不同顧客

具體來說，本文是針對以下 3 方面去辨識便利店的經常性顧客及非經常性顧客的不同處：

1. 人口統計雙數的特性
2. 媒介習慣

3. 心理變數的剖析

從管理的角度來看，上述的研究最少在兩方面有其重要性。

首先，若要識別或吸引潛在消費者（potential consumer），零售業者必須分辨出經常性顧客與非經常性顧客有何不同之處，就正如製造業者要分辨出其產品的使用者與非使用者有何不同一樣（Tolley, 1975）。其次，對顧客的特性以及他們經常運用的媒介有所認識，毫無疑問可以增強市務者將既定的推廣訊息推向目標市場的能力。

4.9.3 便利店的特色

由於對便利店顧客的研究不多，這次研究會先從兩方面出發：

（1）便利店與傳統零售店所使用的不同經營手法；

（2）過去對購買導向（shopping orientation）和新意念（innovation）的研究。

便利店是香港零售業中一股在增長的勢力，它揉合了超級市場、雜貨店和快餐店的功能及服務。而事實上，便利店與傳統的零售機構有以下的不同（Ho & Sin, 1986）：

- 時間上的方便

- 便利的位置

- 有限的貨品種數：便利店通常只售賣流通量快的貨品，而且每一種貨品只提供極少或甚至單一品牌供選擇。

- 熟食食品：便利店售賣可以即時享用的熟食及飲品，且在店中設置微波焗爐供顧客將食物加熱。
- 價格較高：由於顧客願意因方便而多付錢，所以貨品價格較超級市場為高。

換句話說，便利店並不等同於超級市場，便利店並不可以滿足消費者的所有需求，而便利店的存在，是由於其獨特之處——對消費者十分方便，可以滿足顧客的需求。

4.9.4　3 類不同的顧客

在過去對購買方針的研究中，曾提出商店顧客可以分為"消閒式"（recreational），"方便式"（convenience）和"經濟式"（economic）顧客 3 類（Bellenger et. al., 1977; Bellenger & Korga onka, 1980）。

這些不同類型的顧客花費在購物上的時間、購買的動機以及購買前對資料的探求，都有所不同。

"方便式"的顧客對購物不感興趣，甚至不喜歡，所以他們在購買時都是以省時間為原則。另一方面，"經濟式"的顧客對價錢比較敏感，經常會選取比較低的價格才購買。與"方便式"及"經濟式"的顧客相比較，"消閒式"的顧客就會比較享受往商店購物，並視它為一種消閒的活動，而且他們會作衝動性的購買（impulsive buying）及在每次購物時會花費較多的時間。

基於便利店的經營方式，我們假定便利店主要是迎合"方便式"顧客的需要而設，而根據上文的討論，我們作了以下的假說。

【假設 1】 便利店的經常性顧客比非經常性顧客較為

（1）着重省時

（2）不着重價錢

在香港的零售行業中，便利店與其他的零售機構比較，仍可算是一個比較新的概念。自從 1981 年 7-eleven 便利店引進到香港，它一直是這一類型零售店的唯一經營者。

直到 1985 年，Circle-K 便利店才開始加入競爭，之後到 1986 年中，又有新成立的便利店連鎖店——名鑽（My Store）及 24-Kiss——加入競爭。同時便利店的數目亦由 1 間增至約 130 間，而且估計會在 1990 年之前增加至 300 間（Roberti, 1986）。

4.9.5 便利店顧客的特點

根據產品生命周期（product lifecycle）的分析，可以見到便利店的發展是處於成長期，進一步的發展是可以預期的。由此推斷，這種新的零售概念，是針對那些比較嗜新的人，以他們為潛在顧客。

Robertson（1971）曾指出，嗜新的消費者（innovator）比起那些後來者（late adoptor）來說，男性佔多數，他們會較為年輕，而且有較高的教育水平和收入。此外，他們會比較富冒險精神，和展露於報紙雜誌多於展露於電子媒介。由此我們作了第二個假設。

【假設 2】 便利店的經常性顧客比非經常性顧客較為

（1）富冒險精神

（2）年輕

（3）多是男性

（4）有高的教育水平

（5）有高的收入

（6）多展露於報紙

（7）多展露於雜誌

（8）少展露於電視

（9）少展露於傳播媒介

4.9.6 樣本及數據的收集

　　本文的調查對象為 13 歲或以上的香港居民。資料是在 1986 年 7 月藉着個人訪問的形式收集而來。調查工具是一份結構性的問卷。被訪者會被要求提供一些他們光顧便利店和媒介使用的資料，此外，被訪者的部分個人資料和心理特性的資料亦是被問及的內容。

　　訪問分別進行於 3 個購物商場及 3 個購物商場以外的地方。調查是以年齡為基準，採用限額抽樣法作了 808 個訪問。為了避免因時間而引致的偏誤，訪問分別在一星期中的每一天和每一天的不同時間進行。

　　這次研究所包括的可變變數共有三組，分別為被訪者的(1)人口統計變數、(2)媒介使用習慣及(3)心理特性。

4.9.7 媒介使用和購物心理

　　這次研究所用的人口統計變數包括有性別、年齡、教育水平和個人每月收入。另外兩個可變變數的操作定義則分述如下。

1. 媒介使用的資料由被訪者對電視、收音機、報紙和
   雜誌的使用程度而獲得。我們採用了 5 分度（five
   point scale）的分法來衡量使用的程度。

   （1）電視的收看程度

   "1"表示從不收看，而"5"表示每天收看 4 小時
   或以上。

   （2）收音機的收聽程度

   "1"表示從不收聽，而"5"表示每天收聽 4 小時
   或以上。

   （3）報紙的閱讀程度

   "1"表示 1 份也不閱讀，而"5"表示每天閱讀 4
   份或以上。

   （4）雜誌的閱讀程度

   "1"表示 1 份也不閱讀，而"5"表示每星期閱讀 4
   份以上。

2. 被訪者的的心理特性的剖析，是根據過去的文獻來
   訂定。例如，對價錢的敏感性是利用下述 4 個句
   子，以 5 分度的方法來量度：

   • 我購買大量的特價貨品；

   • 我會比較不同的店舖的貨品價格，即使是一些廉價
     的貨品；

   • 我通常會看宣傳大減價消息的廣告；

   • 購買平價貨品可使人省回大量金錢。

4.9.8 顧客多愛好新奇

我們使用了 t 測驗和 χ² 測驗來測試所作假定的可靠性，結果分別見於表 4.9.1、表 4.9.2 及表 4.9.3。在 11 項假定的關係中，只有 5 項獲得支持，其顯著程度為 0.05 或以下。

表 4.9.1 列出便利店的經常性顧客及非經常性顧客在各項心理特性變數中的平均數值。結果發現經常性顧客是比較着重省時和富冒險精神；比較於非經常性顧客，他們更贊成以下的句子：

- 我喜歡嘗試新或不同的事物
- 我通常比我的朋友和鄰居更早嘗試新品牌的產品

表 4.9.2 列出了便利店的顧客在性別、年齡、個人每月收入及教育水平上的 χ² 測驗結果。在這 4 項變數當中，只有性別和年齡顯著地區分了經常性顧客和非經常性顧客。從結果我們可以發現經常性顧客主要是男性及較為年青者，尤其是在 20 歲或以下的人士。

表 4.9.3 則列出了便利店的顧客與媒介展露的關係。在 4 項假定關係中，只有一項具有顯著性。便利店的經常性顧客比非經常性顧客較多展露於雜誌這個媒介。

4.9.9 提供經營者重要指引

本研究在於辨識便利店的經常性顧客與非經常性顧客在人口統計變數、心理變數及媒介使用 3 方面的不同。從結果顯示，這 3 個方面可作為一個基礎，以區分經常性顧客與非經常性顧客。

表 4.9.1 便利店的經常性顧客與非經常性顧客的心理特性*

心理特性	經常性顧客	非經常性顧客	p
着重價錢 （NS）**	2.670	2.6477	0.697
• 我通常會看宣傳大減價消息的廣告	（2.573）	（2.497）	（0.302）
• 我購買大量的特價貨品	（2.963）	（2.601）	（0.239）
• 購買平價貨品可使人省回大量金錢	（2.800）	（2.770）	（0.743）
着重省時 （a）	2.946	2.787	0.000
• 我通常都會準時赴約會	（2.946）	（2.748）	（0.008）
• 我經常到可以省時間的地方購物	（3.053）	（2.813）	（0.001）
• 我不能忍受排隊輪候超過 10 分鐘	（3.026）	（2.828）	（0.019）
• 我願意付出較多錢以換取快捷的服務	（2.760）	（2.760）	（0.993）
冒險精神 （a）	2.564	2.329	0.000
• 我喜歡嘗試新或不同的事物	（2.973）	（2.362）	（0.000）
• 我通常會比我的朋友和鄰居更早嘗試新品牌的產品	（2.426）	（2.219）	（0.008）
• 當我見到貨架上有新品牌的時候，我常會購買，因為我想了解一下究竟是怎樣的	（2.293）	（2.008）	（0.284）

* 平均數值：1 = 十分不贊成　　2 = 不贊成
　　　　　3 = 贊成　　　　4 = 十分贊成
**使用 χ^2 測驗計算：（a）$p < 0.001$
　　　　　（NS）無顯著分別

表 4.9.2 便利店的經常性顧客和非經常性顧客的人口統計資料

個人資料	經常性顧客(%)	非經常性顧客(%)
性別 （b)*		
男	62.7	47.0
女	37.3	53.0
年齡 （a)		
20 或以下	29.3	9.3
21-30	30.7	30.9
31-40	24.0	26.7
41-50	6.7	14.9
50 或以上	1.3	18.2
個人每月收入 （NS)		
HK $2,000 或以下	44.0	41.1
2,001-4,000	28.0	26.7
4,001-6,000	18.7	15.3
6,001-8,000	4.0	6.3
8,001-10,000	1.3	4.4
10,001-15,000	1.3	1.7
教育水平(NS)		
小學或以下	12.0	26.9
中一至中五	26.7	19.5
中四至中五	34.7	31.2
中六至中七	10.7	8.1
大專或以上	16.0	14.3

* χ^2 測驗結果：（a) $p < 0.001$ （b) $p < 0.005$
（NS)無顯著分別

4.9.3　便利店的經常性顧客與非經常性顧客的媒介使用情況

媒介使用	經 常 性 顧 客 (%)	非經常性顧客 (%)
收看電視　(NS)*		
從不收看	4.0	3.4
每天 1 小時	25.3	20.9
每天 2 小時	22.7	28.9
每天 3 小時	22.7	23.3
每天 4 小時或以上	25.4	23.6
收聽收音機　(NS)		
從不收聽	24.0	32.8
每天 1 小時	28.0	31.4
每天 2 小時	21.3	14.1
每天 3 小時	5.3	7.0
每天 4 小時或以上	21.4	14.7
閱讀報紙　(NS)		
從不閱讀	6.7	12.7
每天 1 份	60.0	56.2
每天 2 份	17.3	22.4
每天 3 份	9.3	5.9
每天 4 份或以上	6.7	2.7
閱讀雜誌　(a)		
從不閱讀	18.7	42.4
每天 1 份	40.0	31.7
每天 2 份	16.0	16.8
每天 3 份	12.0	5.3
每天 4 份或以上	13.3	3.7

* χ^2 測驗結果：(a) $p < 0.001$　(b) $p < 0.005$　(NS)無顯著分別

從結果中可發現，經常性顧客主要是男性及較為年輕，他們比較着重省時和富冒險精神，而且他們比起那些非經常性顧客會更多展露於雜誌。這些發現對便利店的經營者在制定有效和適合的市場策略，以滿足他們現有及潛在的顧客的需要時，具有很大的幫助。

首先，從心理特性的數據顯示，便利店應該針對那些着重省時和富冒險精神的顧客，而並非那些着重價錢的顧客。這些資料對便利店的市務者在市場劃分、店舖位置的撰擇及制定價格和推廣的政策上都提供了指引。

第 2 方面，便利店的經營者可利用其經營區域內的人口統計數據，來評估及衡量一下市場內現有的、及潛在的目標顧客的數目。

第 3 方面，了解到顧客的媒介使用習慣，可以幫助市務者制定有效的媒介計劃，尤其是在媒介的選擇及編定日程方面。比較於其他的媒介，雜誌是接觸便利店目標顧客比較有效的媒介。

4.9.10 以嗜新者作規劃基礎

最後，在過去 10 年中，分辨嗜新者的特性作為市場劃分基礎的概念，曾成功地使用在不同的產品和服務之中。而事實上，同樣的市場策略亦可應用於零售業。本研究的結果，在這方面尤其有激勵的作用。在研究新意念(innovation)這個範疇時，我們希望這文章能豐富有關的參考文獻，同時希望從今次研究的結果，可以引發更多人在這方面作學術或實務的研究。

4.10

港商開拓海外市場經驗談 饒美蛟

4.10.1 引言

　　香港工業以出口導向為主，過去 40 年，在開拓海外市場方面累積了不少寶貴的經驗，這是"香港經驗"的一部分。

　　香港本地工業產品打入海外市場，較為常見的方式是原件代工生產（OEM）。這種純為海外進口商生產的模式，一般投資及生產都很大，沒有存貨，沒有自己的牌子。

　　近年來，不少香港廠商開創自己的牌子，在海外市場享有一定的聲譽。這可說是 OEM 外，另一條開拓海外市場的不同路綫。

　　"工商管理研究社"於 3 月 26 日舉行了一次開拓海外市場經驗交流會，由創科實業（TTI）總經理鍾志平先生任主持，七海化工集團董事長鄔友正先生和友義玩具有限公司總經理陳文先生擔任引言人。鄔、陳二氏分別於 1990、1991 年獲"香港青年工業家獎"。

現將當日座談會要點綜合成幾個案例，供讀者參考。

4.10.2 【案例1】 七海化工集團有限公司

七海化工集團全球僱員共 2,000 多人，年營業額達 5 億多元（1992 年），以生產"海馬"牌床褥聞名，市場遍及新加坡、澳洲、加拿大、澳門、台灣和中國大陸。創辦人鄔友正說，當年因不滿當時自己用的床褥，覺得既非"物美"，亦不"價廉"，於是在 1987 年興起生產床褥的念頭。

他說："我原先對床褥生產一竅不通。我從台灣買了簡單的機器，搞了一些原料，摸索了一段時間，不久即投產。"

鄔氏說："床褥的生產程序簡單，但要做到價廉物美且為顧客接受，則要幾方面的條件配合。"

這個行業，傳統的方法是生產後交由大的零售商去銷售。這裏有兩個關鍵：

（1）大公司是否接受這些產品？

（2）有一定付款期。

在資金短絀情況之下，鄔氏另闢一條出路：創立自己的牌子，並開設自己的零售店，先由香港做起。

七海專選較偏僻的地方作零售點，租金較廉，同時由於產品好，又少了中間人，價格便宜，不久便打開銷路，零售點愈開愈多。

鄔氏說："這是一門先收現金再付貨的生意，資金回收快。"

七海除了自己做零售外，還在電視等傳媒配合做廣告，把產品訊息傳遞給消費者。廣告口號是："海馬牌，打破平嘢無好嘢！"(意謂："打破便宜沒好貨")

　　鄔氏的經營理念是："好的產品要人人買得起，市場才會大。"

　　確立市場地位後，七海採用"明碼實價，永不減價"原則，一方面保障顧客利益，另一方面可以更準確計算利潤率。根據 SRH 市場調查公司的資料，海馬牌床褥的市場佔有率，1987 年為零，1989 年 36%，1990 年 54%，1991 年66%。現在該公司的產品系列，除了床褥外，還有枕頭、床上用品及傢俬等。

　　"海馬"牌名字打響後，該公司亦做一些批發，主要還是以現金結賬，因此極少呆賬。

　　七海開拓海外市場，用的方法與香港大致相同：開零售點，以價廉物美作標榜，並用廣告推廣。

　　七海在大陸有合作投資。內地的市場資訊差，但"海馬"牌屬名牌貨(廣東一帶可以收看香港電視)，產品極受歡迎。鄔氏說，國內消費者雖收入低，但卻專選高價貨品，認為這是一項重大投資，而香港消費者，有一半買低價貨，25% 中上價貨，另 25% 則買高價貨。

　　一般認為，西方跨國公司較重視市場調查，香港廠家則否，但七海在事前做了多次調查，如消費者習慣等，經過研究與分析後才決定生產床褥。

4.10.3 【案例2】 友義玩具有限公司

友義玩具有限公司於 1976 年由陳文創立，僱用員
工 1,200 人。該公司集中生產學前兒童玩具，並採用自
己的 Unimax 牌子而聞名於玩具業。友義採用直接向海
外零售商推銷方法，產品全部外銷，市場分布如下：北
美佔 60%，歐洲共市 30%，其他如紐澳、東南亞與南
非佔 10%。

陳文說，在決定一條路線時，首先須看自己的背景
和條件。友義由小規模做起，但訂了很清楚的路線，自
己設計，並創立自己的牌子。陳氏說："有好的產品設
計，加上品質好，價格合理，儘管初時買家對產品信心
不足，但試銷後滿意，生意由此建立。"

友義開拓海外市場，初期主要依靠本地買家或外國
的進口商作中間商，但第 4 年開始即直接向外國零售
商銷售，這種經銷方式佔該公司的 60% 業務，另 10%
經過海外入口商。

陳文說，他採用下列程序開拓海外市場：先訂立目
標市場。如之前沒有這個市場經驗，則先作市場調查。
方法是到各大百貨公司看競爭者的產品，並與自己的產
品作多方面的比較（如設計水平、品質、包裝和價格
等），看哪些是本公司的優勢，哪些須改良，以加強競
爭力。

其次，在該市場上找有分量的零售商作代理人。原
則是目標客戶的商品必須在 20 家零售點出售，而大規
模的零售連鎖店則最為理想。原因是有一定的數量才易

於裝箱，且能節省一些操作成本。友義目前在海外有數十名推銷員，全部採佣金制。

陳文說，直接走向零售商有以下幾個優點：

1. 沒有中間商，利潤可以提高一些；
2. 每日與客戶直接溝通，可以取得第一手的市場信息。由於直接，信息真實，如經過第三者如中間商，信息或資料有時受到扭曲；
3. 收到的訂單是真正的訂單，不似中間商的估計，因此容易編製生產計劃；
4. 全部收押匯（LC），由於手上的押匯往往超過落單數量，如財務管理得法，超額的押匯可以運用；
5. 因做押匯，壞賬少；
6. 由於有多個零售商客戶，風險可以分散，不致於受某一客戶的財務危機而拖累整個企業；
7. 與客戶建立良好的關係，可視為一種企業的資產，而與入口中間商的關係則較為脆弱，容易受環境影響而轉變。

陳文亦同時指出，它亦有缺點，例如客戶網龐大，需要許多熟練的員工負責客戶聯繫工作，電傳頻仍，操作成本較高。但他說，權衡之下，利多於弊。

陳氏又說，由生產到零售商的市場開拓，並非一蹴而就，須慢慢建立起來。

4.10.4 【案例3】 佳盟產品有限公司

佳盟產品有限公司的海外市場開拓經驗，與上兩個案例相比較有所不同。該公司專門生產幼兒玩具（1個月至 3 歲）。董事長陳柱邦説，原件代工生產（OEM）受制於買家，另一方面生產自己的牌子則有風險，成功與否取決於很多因素。陳氏經過了多年的摸索找到了第 3 條路綫，即針對海外眾多的中小型客戶。

佳盟的市場策略是自己做產品設計，但歡迎買家用本身的牌子（private label）。客戶因為是自己的牌子關係，自然傾全力推銷，如此雙方均得益。此外，可以從客戶處得到很多珍貴且免費的市場資訊。該公司的市場集中在歐洲與中東。

佳盟選擇一客戶時，主要準則是考慮客戶在該市場的地位，一個地方由一個經銷商全權經銷。同類性質的產品也可能在同一地區的零售商銷售，但包裝設計不完全一樣，給予的條件亦不同，對後者而言則訂較高的售價，用以保護本身牌子經銷商的權益。同時，一個產品設計出來後，經銷商有優先選擇權。

4.10.5 【案例 4】 崇佳有限公司

崇佳工業有限公司成立於 1953 年，是香港的工業先驅者之一。該公司生產永備牌（Everready）電池及電筒等，此外亦有崇佳自己的牌子，市場遍及歐洲、北美、南美、東南亞、紐澳等。

崇佳的國際市場開拓方法乃經一段時間慢慢演變而成，該公司總經理伍達倫説，崇佳的海外市場開拓過程，同時經過私人牌子到自己牌子，及中間經銷商到零售商兩個不同的階段。在公司成立時，產品售予香港出口商，依買家的設計而生產，買家用其本身的牌子。接着該公司做自己設計的產品，但經出口商。此過程有 2 至 3 年時間。

由中間商到直銷予零售商是一個艱辛過程，主管人往往須親力親為。伍達倫說，當時公司總裁鍾士元爵士親自拿着手提包去英國敲零售商的門，推銷自己的產品。此過程有 3 至 4 年時間。

伍氏指出，由中間商到零售商的轉變有一個過程。他說，很少公司一成立便訂立方針用自己的牌子向零售商推銷。

崇佳產品在海外市場的經商分兩大類：

（1）永備牌產品：每一個國家均由該公司的兄弟公司任總經理；

（2）崇佳牌子產品：各種銷售渠道並存──香港出口商、海外進口商，或直接售予海外零售連鎖店均有。

該公司的政策是私人牌子產品數量不超過一成，而且私人牌子產品的訂價一定高於崇佳牌子產品。以上兩種海外推廣方法均成功。

4.10.6　總結

綜合各案例，大致可以得出下列幾點共識

（1）不同產品的市場開拓方法各有不同，重要原則是產品要質優，價格具有競爭力；

（2）企業須先訂立方針和策略，海外市場的開拓須循序漸進；

（3）要找出市場的"空隙"（niche），不做追隨者；

（4） 開拓海外市場須留意各國不同的社會和文化背景，
以訂價而言，同是歐洲，與德國人做生意須不二
價，而西班牙和意大利則喜講價。在美國，有些產
品可以講價，有些則不能，如鍍金手飾。

5

服務與工業市場

5.1

工業市場營銷常見的謬誤 冼日明

5.1.1 引言

　　近年來，因面對鄰近國家的劇烈競爭，內部工資的不斷上升，香港的製造業已不能單單停留在生產勞工密集的產品以供應消費品市場；要繼續維持香港過去的高度經濟成長，發展高技術產品實為其中一個必須和正確的途徑，但從有關的文獻和筆者過去的研究中，發覺很多香港的生產商或營銷經理對工業市場營銷普遍缺乏明確的認識，或存有一些錯誤的觀念。這些錯誤的觀念，不但減低工業市場營銷的效率，更會直接削弱香港製造業的平衡發展，繼而嚴重地拖慢香港未來的經濟增長。本文之目的旨在指出在工業市場營銷中常見的一些謬誤，希望能藉此引發出對香港工業市場有更多的認識和研究。

5.1.2 工業市場的定義

　　何謂工業市場？工業市場乃指各種工商業或團體組

織為業務使用或為製造其他產品而購買貨品或勞務之市場。事實上，工業市場並非一個單純的單一市場，而是由多個不同市場組合而成，簡單可以依貨品或購買者之不同分為兩大類。

若就貨品性質劃分，工業市場可以分為 5 個細分市場：

(1) 原料：指從未經過加工而可以用於製造過程而變成為實際品的工業品，例如在建築時所用的海沙；

(2) 半製成品與零件：必須經過加工才可變成製成品，例如電腦的配件或收音機的原子零件；

(3) 工業設備：指各種工業生產的機構裝置，例如發電機工廠、啤機，和印刷機等；

(4) 附屬設備：這些設備主要是輔助生產的，例如電子計算機、打字機、辦公室中的傢具等；

(5) 供應品：為工業市場的日用品，主要幫助工業維持每日的操作，但供應品本身不會成為製成品一部分，例如汽油、文具和地蠟等。

在另一方面，工業市場如根據購買者分類，則可以分為以下各種主要組織或細分市場：

(1) 礦產業

(2) 製造業

(3) 電力及煤氣業

(4) 建造業

(5) 批發、零售、出入口貿易、酒店及飲食業

(6) 運輸及通訊行業

(7) 財務、保險，及商業服務業

5.1.3 工業市場營銷常見的謬誤

【謬誤 1】

"不論推銷何種產品，市場營銷所需的技巧都是
一樣。"

以上的見解或許是所有工業營銷謬誤中最多人犯上
的。很多從事推銷消費品多年的人士，時常認為他們從
消費品市場積累多年的推銷經驗，可以直接應用於工業
產品上。這一個信念，可以説是犯了一個"以偏概全"的
謬誤。事實上，工業市場與消費市場的性質存有很大的
差異，故實需要不同的市場分析和規劃。以下 5 點，
可以充分説明工業市場與消費市場顯著的差別（參看表
5.1.1）和所需不同的策劃。

表 5.1.1　工業市場與消費市場之分別		
	工業市場	**消費市場**
1　需求	引導需求	直接需求
2　購買者的分佈	高度集中	分散
3　購買決定	受較多人影響	受較少人影響
4　購買者對產品的知識	較多	較少
5　分銷途徑	較短和較直接	較長和間接

（1）需求乃基於引導（derived demand）

工業生產的主要目的，在於供應市場的需要，工業
市場在購買了原料或其他貨品之後，經過加工，然後售
予最後消費者，故此工業品的需求乃基於消費品需求而

來。如圖 5.1.1 顯示工業市場對橡膠、玻璃和鋼鐵的需求乃基於消費者對汽車需求的增加。

　　由於工業市場的需求乃引導需求，故其需求量較消費市場不穩定，時常會受經濟環境的轉變或購買公司存貨策略的影響，因此作為一個工業市場的銷售人員，一定要熟識市場的經濟變化和明瞭顧客所採用的生產和存貨策劃。

圖 5.1.1

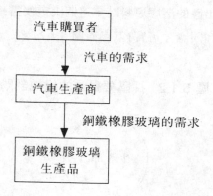

（2）購買者的高度集中（concentration of buyers）

　　工業市場與消費市場的另一個主要分別，在於購買者的分佈情形。通常工業市場中的購買者在數目上較少，而且在地區分佈上較集中，例如在香港，主要的製造商都集中在觀塘、荃灣、新蒲崗等幾個主要的工業區：而服務性行業，如金融或保險業等的總部，大都集中在中環和尖沙咀一帶地區。

　　由於工業市場購買者之高度集中性，對於工業生產

者在市場營銷政策的決定甚為重要，例如，在設廠房時
應注意地點之選擇，務使推廣人員易於與工業購買者聯
絡，而運輸方面，亦可節省時間和費用。

(3) 由多數人影響的購買決定（multiple buying
　　 influences）

　　由於工業產品的價格較高，故工業產品的購買決定
很少由購買公司中一個人所能決定的，通常這些公司會
成立一個採購委員會（purchasing committee），以決定
購買產品的特點和價格。例如當一間玩具製造廠考慮購
進一些新出產的塑膠原料時，這個決定便需獲得多個部
門的洽商和同意才可實行（參看圖 5.1.2）。

圖 5.1.2　採購委員會的組成部門

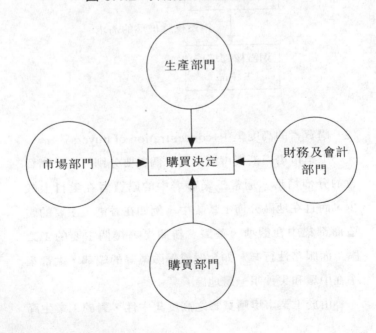

找尋出購買公司內誰人參予購買的決定，可以說是一個工業市場銷售人員成功的必備因素。如上例指出，銷售人員不但要接觸購買部經理，更要探訪對購買決定有影響的其他部門，如生產部、會計部與市場營銷部等。細心分析和研究購買者公司內部的組織架構圖（organizational chart），可以說是找出誰人參與購買決定的一個方法。

（4）購買者多具專業知識（sophisticated buyer）

　　與消費市場比較，工業市場的購買者對所購買的產品有較高的知識，一般企業組織的採購部人員，多為具有專業知識者所出任。在工業市場中，購買者的動機可分為經濟動機（economic motives）和個人動機（personal motives）。經濟動機主要包括信用購買、提供技術、售後服務和優厚付款條件等。雖然在工業產品購買過程中，經濟性的動機對購買決定較為重要，但個人的動機也不容忽視的，最普遍的個人動機就是減低個人在購買上的錯誤和風險，這一個動機可以解釋為甚麼在工業市場銷售中，較大的公司往往較容易取得購買者的訂單和生意。

（5）分銷途徑較短

　　工業市場的分銷途徑通常較消費市場為短和直接，在很多情況之下，所涉及的中間商數目較少（參看圖 5.1.3）。故此推銷人員通常較廣告媒介在工業市場推廣中扮演一個更為重要的角色。因而在工業市場營銷中，推銷人員的訓練實需要有一個更為完備的課程和計劃。

圖 5.1.3 工業市場與消費分銷途徑之比較

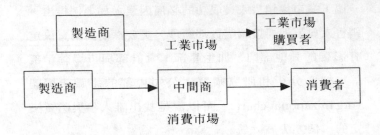

【謬誤 2】

> "這新產品是我們公司多年技術研究的結晶，相信一定有良好的銷售額。"

很多工程或科學研究部門人員都有一個共同的信念，他們認為，只要新產品在科技上，比競爭者的產品有所領先或突破，這個新產品便能取代現有的產品，獲得理想的市場佔有率，但事實卻不然。因為一個新產品能否被顧客所接受和歡迎，主要決定於這件產品是否能解決購買者的問題或滿足購買者的需要，而不是決定於產品是否有任何新的科技突破。

以下的一個實例，相信可以幫助我們了解以上的論調。在 1974 年，德國有一間叫 KG 的製造商發明了一架可以製造信封的機器，這個新產品的生產效率較當時市場上使用的同類產品快上兩倍，故此 KG 便大有信心，大量生產這個新品，希望能取代市場現有的產品；但經過一段時期之後，發覺銷量不如理想，虧損過大，最後終於迫得放棄。事後，KG 曾做過一個分析和研究，希望能找出這個產品失敗的主要原因。研究結果指出，雖然 **KG** 這個新產品較其他的競爭產品在科技上有很大的突破，但購買者顯然對現有產品操作的速度和效率，感到非常滿意，故不欲花費購買另一部全新的機器。總括來說，科技的突破，並不一定能保證獲得良好的銷售。正如杜邦公司的刊物說：＂研究與推銷因素的互相作用，是工業發展的共同特徵。＂故在技術研究人員定出產品的特點之前，市場研究人員便應先確定誰為潛在的顧客，他們對產品的需要為何，並預測潛在的需求量，以便新產品的發展和設計能滿足顧客的需要。

【謬誤 3】

＂一個良好的產品可自行銷出＂。

在香港，很多生產或代理工業產品的公司都喜歡僱用對工程或生產有豐富專門知識的人出任營銷部門的行政或銷售人員。無可否認，這些人對工業產品的性質有深切認識，實有助於產品的改良、設計和生產。但在另一方面，他們往往對市場營銷的功能或過程有所忽視或誤解。很多時，你或會聽到他們說：＂一個良好的產品可自行銷出，而不需要任何的推廣活動。＂

實際上，一個工業產品銷售成功的因素，除了產品本身能滿足顧客的需要之外，還要配合適當的推廣活動、合理的定價策略，和良好的銷後服務等。總括來說，作為一個成功的工業產品銷售人員，不但要有豐富的科技知識，更要具備營銷管理的專業技能，以上的討論反映出，要成功地推廣一件產品，實有賴生產與營銷部門的互相合作，才可收到相輔相成之效。

【謬誤 4】：

> "在市場因素組合中，價格佔較次要的地位。"

在市場營銷活動中，營銷經理可以運用不同的市場推銷工具以改變公司的銷售額，這些推銷工具又可稱為市場因素組合（marketing mix），主要包括：

- 商品政策：商品及服務的種類、顏色、尺碼、牌子、包裝、保用等。
- 分銷：銷售途徑及運輸與貯存等供銷工作。
- 推廣：人員銷售、廣告宣傳、產品推廣及公共關係。
- 定價：對買家的價格。

上述 4 種要素的易於記憶寫法是 4 P，即產品（product）、分銷途徑（place）、推廣（promotion）和價格（price）。

在工業市場營銷中，營銷經理往往認為，因在市場競爭產品的相異性（degree of heterogeneity）甚高，故此銷售的成功因素主要決定於產品的質素，及人員銷售（personal selling）的效能，而通常便忽視了價格的重要性，實際上，合適的價格策略，不但影響企業的銷售情況，更會直接決定公司的收益；除此之外，價格與其他市場因素組合，更有互相影響（interaction）的關係，例如：

- 新產品的成功與否往往與其價格有直接的關係。
- 貿易折扣（trade discount）可以作為對分銷商的

一種激勵(motivation)。

- 數量折扣(quantity discount)一方面可以鼓勵顧客大批購入，增加公司的銷售額，另一方面亦可減低公司的銷售費用。

- 賒銷條款(credit term)可以作為公司在面對同類產品的競爭工具。

【謬誤 5】

> "在推廣過程中，1個推銷人員勝過 5 個廣告。"

多年前，美國的企業週刊(*Business Week*)為了鼓勵美國的工業產品製造商能多利用大眾媒介(mass media)，作為他們推廣的工具，曾刊登一則廣告。內容指出推銷人員在接觸潛在顧客時，因缺乏有效的廣告支持，往往要面對以下的尷尬情況。例如，潛在顧客通常會對推銷人員說：

- 我不知道你是誰。
- 我不認識你代表的公司。
- 我不知道你公司售賣何種產品。
- 我不清楚你公司過去的記錄。
- 現在，我想知道你希望對我推銷何種產品。

工業市場營銷人員如不了解廣告的效用，便往往會將推銷人員與廣告的效能作一比較，很多工業市場高級營銷人員都有一個錯誤的觀念，他們認為："在推廣過程中，1個推銷人員勝過 5 個廣告。"事實上，在顧客的購買過程中，廣告與推銷人員實扮演不同的角色，發揮着不同的功用。

　　圖 5.1.4 清楚指出，要成功地接觸潛在的顧客，引起顧客對產品的注意，廣告實為一不可缺少的工具。但在另一方面，要說服顧客，引起購買動機，最後繼而諦結(closing)，則有賴優良的推銷人員。故此，我們必須明白，廣告的作用與銷售的作用之不同，不應視推銷人員比廣告更為重要，應將兩者當作互相補充的工具。

圖 5.1.4　推廣因素在購買過程的作用

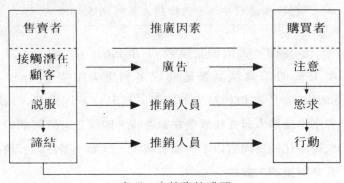

產品／勞務的購買

【謬誤 6】

"在工業產品的銷售過程中，分銷商實在可有可無。"

　　在這一個觀念可以解釋為甚麼工業市場營銷管理人員在分銷途徑策劃時，時常有錯誤的選擇和設計。實際上，分銷途徑在工業市場營銷活動中的重要性是不容忽視的。

分銷商的功能主要包括下列幾項：

1. 研究（research）：收集規劃及執行交換時所必須的情報。

2. 促銷（promotion）：發展及散播關於提供之產品的說服性溝通。

3. 接洽（contact）：尋找潛在購買者並與其溝通。

4. 搭配（matching）：使所提供物品符合購買要求，包括製造、評等（grading）、裝配、包裝等事項。

5. 協商（negotiation）：使提供物品之價格及有關條件達成最後協議，而使所有權的移轉可行。

6. 實體分配（physical distribution）：商品的運送、儲存。

7. 融資（financing）：資金的取得和支用，以彌補分銷的成本。

8. 風險承擔（risk-taking）：承擔並執行分銷過程中相關的風險。

9. 銷後服務（after-sale service）：對顧客購買後的諮詢、保養，和修理。

如果我們細心比較工業市場與消費品市場的分銷途徑，便不難發現，在數目上，工業產品的分銷商是遠遠低於消費品的。形成這個現象的原因主要有兩個：

1. 工業產品購買者的數目較消費品為少；

2. 工業產品的分銷商較消費產品的分銷商需要更多的科技知識（technical expertise）和投資。

以上兩個因素不但影響工業商品分銷商的數目，更界定了工業產品製造商與分銷商的關係。要令整個市場營銷過程能有效地進行，製造商不但要小心選擇分銷商，更要與分銷商保持緊密的聯繫，不時提供管理與科技知識的訓練。

5.1.4 結論

有效的工業市場管理，是基於管理人員對工業市場營銷活動有一個正確的觀念和認識，以上所討論的只是工業市場營銷中一些常見的謬誤，希望能透過本文，引發出更多對工業市場營銷的認識和討論。如果日後你聽到別人也同樣犯了以上的謬誤，你是否可以向他們解釋和澄清呢？

5.2

配合供求：提高服務行業效率
冼日明　岑偉昌

5.2.1　服務行業在香港

服務行業（service industry），又稱為第三級生產行業。根據香港政府統計署劃分，第三級生產行業包括：

（1）零售、批發、酒店及飲食業；

（2）運輸及通訊業；

（3）服務、保險、房屋地產及商業服業；

（4）社會及個人服務業。

一般而言，社會愈趨繁榮和進步，服務行業在其經濟體系中所佔的比重便愈大。

事實上，服務行業一直在香港佔有一個很重要的地位，只不過過往香港對工業發展特別關注，故此服務行業因而被忽視。據經濟數字顯示，在過去 10 年中，服務行業每年在香港本地生產總值所佔的比重均超過60%，而且更有不斷上升的趨勢。

由於服務行業的管理方法長期被忽視，故此這方面的研究尚屬萌芽階段。事實上，服務行業一直以來都存

在着一個嚴重的問題：生產效率低，故此如何提高服務
行業的效率，將會是推動香港未來經濟發展的一大要
素。本文旨在探討服務行業特有的性質，以期得出一個
改進生產效率的方法。

5.2.2 服務行業面對的困難

服務行業有其內在的因素，有別於其他商品行業。
例如服務行業提供的產品："服務"便是無形的，不可以
觸摸，也不容易檢驗的，這些因素使服務行業不論在生
產與及管理方面，均與一般商品行業有着基本的差異。
而其中以下的一些特性，更是導致提高生產效率困難的
主要原因。

1. 生產與消費過程同時進行

一般商品的生產、營銷與消費均是獨立的。但"服
務"則迥然不同，因為生產、營銷與消費的關係極為密
切，而且生產與消費更是同時進行(圖 5.2.1)。例如在
醫院裏，在同一時間中，醫生給予診治，而病人則接受
治療。"生產與消費同時進行"，這一個特性往往為服務
行業的管理人員帶來以下的難題：

（1）"服務"不可儲藏

由於服務的生產與消費同時進行，所以不容許
將剩餘的服務儲存，以備供應將來的需要。例
如在某一次飛行中，航機上的空置客位，是不
可能保留作為下一次飛行時載送乘客的。同
樣，地下鐵路在非繁忙時間的空位，也不可以
保留至繁忙時間來載客，故此服務行業的管理

圖 5.2.1　商品與服務買賣雙方的接觸層面

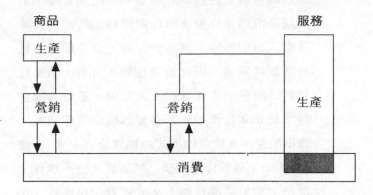

資料來源：John M. Rathmell, *Marketing in the Service Sector*, Winthrop
Publishers, Inc. Camhbridge, Massachusetts.

人員往往要面對一個難題，就是不能利用"存
貨"（inventory）作為平衡供求的工具，而這是一
般商品管理人員不需面對的。

（2）顧客在服務提供（生產）過程中的參與

由於服務的生產與消費是一起進行的，很自然
便牽涉到顧客參與在內。如圖 5.2.1 顯示，在商
品的交易過程中，買賣雙方只有一個接觸層
面──營銷，而服務交易過程則加多了一個層面
（塗黑部分），就是服務人員與顧客在生產/消費
過程中的相互作用。例如病人要親自到診所，
對醫生說出病狀，醫生始可為他診治；或者在
郵遞過程中，我們要在信封上寫上地址，貼足
郵票，投入郵箱，然後郵差才可為我們傳遞信
件。這一個相互關係，對服務行業經營管理的

影響，有利亦有弊。利處方面，就是可以利用有效的系統，透過顧客的參與，增加效率，例如超級市場及快餐店的自助服務，均可大大減低對人力的需求。但另一方面，由於顧客不屬於該服務機構，因此很難控制，再者，如果他們對該服務的生產過程不大明瞭，更會為服務行業的正常操作帶來不必要的麻煩。例如有一位不明瞭快餐店自助形式的顧客走進一家"麥當勞"，坐下等候待應服務，然而良久沒人理會，於是上前與待應理論；又或者有一位顧客，在沒有寫好提款單之前，就向銀行櫃面員提款。這些例子，都是因為要涉及顧客參與，而使服務行業的生產效率大打折扣。

(3) 服務不能夠被運送至其他有需求的地方

服務機構需要面對面直接為顧客提供服務，不如一般貨物，可以轉運至其他地方供應顧客所需。例如在北角的一間美容院，其服務不可轉運往旺角，旺角區的居民如要購買該服務，必須前往北角，或者是該美容院在旺角開設分店。因此，這個特性直接影響了服務行業資源有效的運用。

2. 服務行業受本身內部建設的限制

對服務行業而言，內部建設也是其產品的組成部分之一。通常一間酒店的內部建設可以維持 10 多年，一架客機可提供超過 15 年的服務，而地下鐵路、銀行的內部建設則可以維持得更久。故此服務行業在創辦時，要很小心決定公司的內部建設，因為在開業後，如要更改，將會遇到很多困難和花費不少金錢。例如一間寬敞高尚的餐廳，為了要應付日益增加的需求而增設座位，不但要暫時停業，以便重新裝修，更要面對因修改而引致格調下降，使營業額下跌的問題。在這方面，由於受到現存的內部建設限制，不易改變，生產力只能保持在一定水平，不能隨意增加。正如圖 5.2.2 所示，服務供應能力線在一固定時間內為一橫線，要提高效率會較為困難。若是一般工廠，作業的地方遠離顧客，內部建設的重要性便相對地減低，任何改變都不會產生嚴重的影響，如要增加產量，只要添置機器便可，生產管理顯然較具彈性。

圖 5.2.2　服務行業的供應與需求

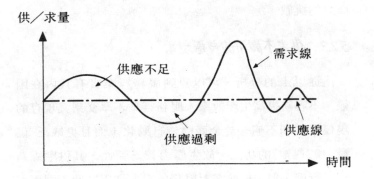

3. 服務行業比較勞工密集

對促進一般生產效率，經濟學家曾提出 3 個不同的可行方法：

（1）改進勞動力的質素；

（2）採用先進有效的設備；

（3）以自動化科技取代人力。

對服務行業而言，只有第一方法可行。第二、三種方法都因服務行業的特殊性質而不能完全適用。由於服務大多是要直接面對面提供，其中涉及人際關係、買賣雙方的相互作用、信心等心理因素，因此人力不可能完全用機器代替，你會相信一副機器替你斷症，還是由醫生為你診治呢！當然近年有些新發明，在這方面有很大的突破，例如自動櫃員機（ATM）、自動銷售機（automatic vending machine）等，但這些都是個別例外，況且它們的操作費用是否划算，仍是疑問。除此之外，用機器代替人力也會直接降低服務提供的質素。一般來說，服務行業是勞工密集的，如何改進勞工的質素，提高生產力的效率，將會是服務行業管理人員必須面對的挑戰。

5.2.3 供求不調和的普遍現象

從以上的分析，可以見到服務行業實有其內在困難，不容易提高生產效率。服務行業不單受到其現存的規模限制和不適合於全面機械自動化，而且更缺乏"儲藏"和"運輸"的功能，故生產力較乏彈性，其供應線為一平行線，但一般顧客對服務的需求卻因時間不同而有所差異。例如地下鐵路有繁忙與非繁忙時間之分；餐廳在早、午、晚進餐時間十分擠擁，但在其他時間則比較稀疏；酒店房間的需求也因旅遊季節而有所不同，故此服務的需求就如圖 5.2.2 的波動線。

基於以上的原因，服務行業經常出現供求不調和的情況。在供應不足時，損失收入；但在過剩時，就徒然浪費資源，這都是導致服務行業的生產效率被人詬病的主要原因。

5.2.4　提高效率的最佳方法

　　曾有多位著名學者對服務行業的經營管理提出不同的意見，希望能夠改善其呆滯的生產力問題。其中最著名的有李維特（Theodore Levitt）所提出的以生產系統的方式，革新服務的生產管理，實行服務行業工業化；而林樂和楊格（Lovelock & Young）則認為應增加顧客在服務生產過程中的參與，透過顧客的參與來減輕服務人員的工作負擔，以求提高效率。以上兩點皆有其可取之處，但仍失諸於偏，不夠全面。另一位學者薩沙（W. Earl Sasser），則認為提高服務行業的效率，在乎配合供求。筆者認為這個觀點比較具體和全面。因為從以上分析中，我們瞭解到問題的癥結在於供求不調和。那麼，控制供求，使其平衡一致，自然是提高服務行業效率的最佳方法。然而，怎樣才能使供求協調呢？策略可分為兩方面，一是改變服務需求的時間，二是控制服務的供應，務使二者達致均衡。

1. 改變需求的時間

　　服務行業的管理人員可以直接透過不同的策略，以改變顧客對服務需求的時間。例如增加非繁忙時間的需求，使服務機構盡量發揮其資源的效用，同時可緩和繁忙時間的緊張情況，減少供不應求及因此而引起顧客不滿的現象。例如圖 5.2.3 所示，盡量將服務需求線拉平，減低供求的差異。

圖 5.2.3　改變服務的需求時間

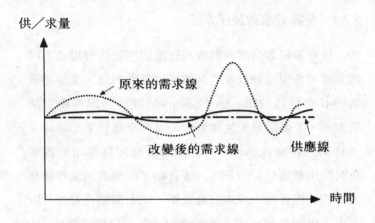

（1）以不同的收費轉移需求的時間

服務行業的管理人員可以在不同的服務時間，向顧客收取不同的費用。例如在非繁忙時間收取較廉宜的費用，不但可以將繁忙時間部分顧客轉移到非繁忙的時間去，更可以增加在非繁忙時間的基本顧客。香港一些酒吧所推出的"快樂時光"（happy hour），地下鐵路所推行的"繁忙時間收費"等，在某一個程度上已能達到這個效果。當然，服務業管理人員必須首先明瞭顧客對服務的需求彈性、他們的價格觀念及消費習慣，才能釐定有效的策略——在甚麼時間訂定甚麼價格。

（2）發展非繁忙時間的服務

在非繁忙時間加設一些特別服務，不但可以吸引顧客，增加收入，亦可以適當運用過剩的資源，不致荒廢。例如一些高級餐廳，在中午時間特設一些學生餐，供應學生午膳；香港一些酒店於旅遊淡季，亦提供本地旅遊服務或推行國際性會議服務，以吸引外地商人來港。不過服務行業的管理人員在採用此法時，必須留意管理和控制方面的問題，特別是不同的顧客對象之間會否產生衝突，故此在選擇增加何種服務時，一定要小心考慮。

（3）提供補充性的服務

為了暫時緩和供不應求的情況，在繁忙時間提供一些補充性的服務，讓在等候中的顧客享用，以便短暫地留住他們，直至有空位為止。例如香港一些餐廳，在大堂旁設有一個小型酒吧，供應飲品給輪候的顧客，這不獨可以減低他們對輪候之不滿，同時亦可以增加餐廳的額外收入。另一個例子就是在電梯門前設置鏡子，讓顧客在等候電梯時，可以整理儀容，從而減輕在等候時的煩悶和不滿。

（4）設立訂座服務

此外，設立訂座服務，亦可以調和供求的時間，不過最大的問題卻是出現"訂而不到"的情況。服務行業的管理人員必須要克服這個困難，才能有效地利用訂座服務來控制需求，例如訂明要先繳費用或訂金，作為訂座的附帶條件。

2. 控制供應提高生產效率

　　服務行業的管理人員除了可設法改變需求的時間來平衡供求外，亦可從增加供應方面着手。例如加強員工的訓練，改善員工的質素，或在繁忙時間增加人手，以應付波動不定的需求。以上幾點，都可以直接提高服務行業的工作效率。理論上，服務行業的管理人員對屬下公司的服務供應，有直接的控制能力，故他們可以實施不同的策略，提高供應能力的彈性，以配合需求，從而提高企業整體的效率（圖 5.2.4）。控制供應的方法因對象不同而有所差異，這裏介紹幾個較為普遍及可行的途徑。

圖 5.2.4　控制供應配合需求

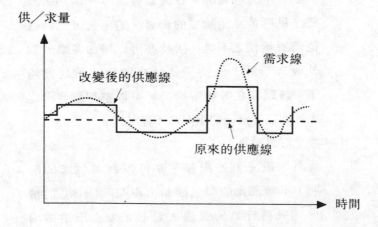

供／求量

需求線

改變後的供應線

原來的供應線

時間

（1）僱用兼職員工

許多在職的服務行業管理人員認為，在繁忙時間設法增加供應量，較之轉移需求時間來適應供給更為有效。不同的服務行業有不同的繁忙時間。超級市場在早上及下午 5 至 7 時較為繁忙，一些遊樂場所在假日遊客較多。這些行業，可以在平時維持一定數目的基本職員，而在繁忙時間則僱用額外的兼職員工。這樣不但可以減低企業的成本，減輕全職人員的工作壓力，更可收到配合供求的效果。香港麥當勞快餐店的經營方法便是其中一個顯著的例子。

（2）加強員工訓練

加強員工的訓練，對服務機構有兩個好處。首先，可使職工更熟習工作，生產過程更加順利，工作效率自然提高。其次，假如服務供應系統是由幾個部分組成，如果各部門的服務人員都受過交錯訓練（cross-training），當某一部門的需求過於繁忙的時候，便可抽調其他部門的員工協助提供服務，有效地協調服務的供求，而不需支出額外的費用。例如銀行在繁忙的時候，從別的部門抽調人手，應付提款或存款的顧客。

（3）增加顧客在生產過程的參與

近年來，快餐店及超級市場的迅速發展，是有目共睹的。促使其蓬勃的主要原因是自助式的服務普遍被香港人接受。由此可推論，這個方

法有很大的潛力被推廣至其他服務行業去。例
如近期新建設的油站，已大部分採用自助服務
這個概念。顧客的參與愈多，服務機構員工的
需求便愈少，生產成本便會降低，服務行業的
生產效率自然得以提高。

(4) 採用先進科技改善內部操作

有些服務行業的內部操行（backroom operation）
非常重要。例如金融業需要有龐大的資料處理
系統，零售業需要有精確的存貨管理系統等。
缺乏有效的內部操作輔助，這些服務行業就不
能夠提供有效的服務。自從銀行採用電腦系統
後，服務效率顯著提高，而香港的百貨公司也
有部分開始使用電腦來處理存貨及收支等事
務。因為內部操作不涉及顧客的參與，所以採
用新科技及機械，較少引起顧客不能接受的問
題。

5.2.5 結語

配合供求是服務行業管理人員的重要任務。作為一
個成功的管理人員，一定要使企業的資源得到適當的運
用。故此，在需求方面，應盡量滿足顧客，增加收入；
在供應方面，則要提高生產效率，減低成本，提供適當
的服務水平。雖然以上討論的幾種方法，可以在某一程
度上達致供求均衡的效果，但每一服務系統都不能夠應
付無限量的需求，所以服務行業的管理人員，必須首先
了解市場的潛力並釐定明確的企業目標，選擇適當的服

務水平，然後才可設計相應的信應系統。總括來說，服
務行業的管理人員要達致成功，實有賴健全周詳的策劃
和統籌。

5.3

服務技術與內部市場營銷策略 盧榮俊

5.3.1 引言

　　所謂"服務"有 4 大特點：無從觸及，容易消失、非齊一性和生產與消費(消耗)同時出現。許多人把產品與服務看成大同小異。甚至在先進國家中，也會有些服務行業(第三產業)的管理人員把只適用於製造業的管理工具、技術和概念，用來處理服務行業的問題。其結果往往事倍功半。服務行業的管理人員，若要出色地完成自己的工作，便必須深切了解服務的特點，形成全面的服務概念十分重要。當然，對於想把一種服務技術從一國引入另一國的人來說，這一了解尤為必要，因為環境不同，必須隨之出現更複雜的問題。在香港，服務行業的地位不斷提高，而且趨勢是今後將會變得愈加重要，故此如何提高服務行業的效率與效能，將是推動香港未來經濟發展的一大要素。

5.3.2 有滿意的員工才有滿意的顧客

　　香港經濟由於過去數十年來對外貿易的增長而迅速發展。隨着中國在 1978 年對外開放所引發的需求，基於香港政治、文化、地理條件特殊，加上香港服務貿易出口的優越條件，使香港服務行業得以蓬勃發展及多元化，特別是邁向一個地區性的服務中心。香港服務行業 1991 年在本地生產總值所佔比率增至 73%，而僱員人數在 1992 年則佔總勞動人口的 66%。但由於個別服務行業勞工短缺，九七問題所導致的人才外流（雖然問題嚴重性逐漸減小）及高通脹壓力等問題導致成本上漲、服務水平下降的情況。故香港的服務行業必須提高效率與效能，以鞏固香港作為一地區性服務中心的地位。

　　按照 levitt 教授在"服務工業化"一文指出，可以採用硬技術、軟技術和綜合技術三種方式，使服務行業"工業化"。但服務技術要能收取實效，必須先克服消費者對改變服務方式的抵觸心理。

　　至於把一種"創新"服務技術營運方式進行國際轉移（例如將快餐或超級市場引入中國），問題則更為複雜，因為文化背景、經濟水平、社會制度等有所不同，消費者的抗拒心理可能更為強烈，故往往需要較長時間，用漸進方式對當地消費者進行"教育"及"示範"工作。當然，即使有關的營運問題或環境因素對創新服務技術的傳輸有利，引進國當地政府對外來創新技術的態度、政策條例和保護主義等問題，皆對企業（當地或外資）引進創新服務技術的可行性或成效有深遠的影響。

另一方面，服務行業企業員工對服務技術的引進及施行，亦可能同樣產生抵觸情緒，因服務技術的引進，可能使原有服務系統及環境有所變化。所以，應作多方面的詳細分析以配合員工，從而改進有關企業的效率與效能。

事實上，尤其是那些勞工密集的服務行業，服務質量與參與服務生產過程的員工（特別是前綫員工）的技巧與態度有莫大關係，例如快餐店員工禮貌的微笑，可以使顧客滿意程度增加，反之，若員工態度惡劣則可能令顧客對員工所屬快餐店望而卻步。由於"生產與消費同時出現"及服務的其他特點，若要達致或增進服務水平與效率，服務機構便需要採用"內部市場營銷策略"，以員工為"內部顧客"。

沒有滿意的員工，就很難有滿意的顧客。若要員工滿意，則首先要透過應用市場研究，搜集有關員工對服務生產工作環境，及在執行服務生產過程和操作相關事項的需要、態度等資料，服務機構便可制訂一些配合及促使員工達致特定服務標準的管理方法、人事制度、內部培訓、計劃程序等政策。

若要某種主要服務或其他個別服務推行成功，首要條件是能夠先將這等服務先推銷給內部顧客，使他們充分明白及接受在不同情況下所提供服務的原因及標準。要驅使員工在實際參與服務過程中全力以赴，將有效的信息傳遞予這些內部顧客是極為重要的。有時候，在推行一些特別的對外市場營銷活動，或某些服務程序有重大改變之前，若能適當地利用"內部銷售"以配合其他方法傳遞信息給員工，則更容易使員工投入，達致服務機構所預期的效果。

透過應用內部市場營銷概念探索及滿足員工的需要，從而引導員工提供符合公司要求的水平與效率，使顧客獲得滿意的服務。然而，若應用在服務技術的國際轉移時，策略上的運用則要配合當地實際環境，如管理階層以及員工的文化背景等因素。

5.3.3 中間人角色愈來愈明顯

在今時今日的香港環境，面對勞工短缺及工資不斷上升的情況下，服務行業若要維持競爭力，便需有良好的內部市場營銷管理，建立良好聲譽，從而吸引較優良的服務人員，維繫及激勵士氣，使他們能發揮更優質的服務水準。然而，良好的內部市場營銷策略，要有"高層人士"認同參與，發揮示範作用，以達致各階層之間的共識。

在這裏值得一提的是，香港在服務技術轉移至中國時的中間人角色問題。鑒於 1992 年初鄧小平南巡講話與同年召開的全國加快第三產業發展工作會議，中國國民經濟的發展轉向強調促進第三產業，與此同時，中國正部署加入關貿總協定而導致外資投資第三產業的機會增多，故此香港服務行業企業家作為轉移服務技術與管理方法到國內的"中間人"角色則愈來愈明顯。據中國經貿部對外國投資司司長焦素芬所透露，第三產業引進外資的政策已獲初步確定的大前提下，筆者深信，外資（特別是在香港從事服務行業的企業家）到內地從事投資

第三產業的闊度及深度，都將加快步伐。能夠引入適當
的服務技術及採納有效的內部市場營銷策略，許多複雜
問題都可望迎刃而解，收事半功倍之效。

5.4

服務自動化引起的問題 <small>游漢明</small>

5.4.1 引言

愛榮・托佛拉（Alvin Toffler）在他的《未來的衝擊》和《第三波》兩名著中，預測未來科技的發展對於國家、商人和消費者的影響舉足輕重。20年後的今天，他當日談論的東西都慢慢地一一實現了。"彈性工作時間"——員工不一定要朝九晚五工作；"家庭購物"——在家中經過電視或其他電腦設備購物而不須親自上街購買等都已經不是新奇的東西了。

從企業的層面來看，快速的電腦和傳訊技術的發展已給予一個減少採用較昂貴的人力資源而代之以高科技設備的機會，一方面企業可以給消費者一個"先進企業"的印象；另一方面可降低營運成本。但從消費者的角度來看，應用新的技術設備，企業給予他們更佳、更便宜的服務。櫃員機的設立，自動轉賬的安排和電話繳費或服務的設置都充分地表現出高技術下的服務特性。

5.4.2 顧客未全部接受自動化

這幾年來，我們不難發現銀行愈來愈多採用自動櫃員機。銀行大堂裏的櫃員的數目愈來愈少，曾幾何時，見到銀行入口禮貌地迎迓的職員又不知何時消失得無影無蹤了。自動轉賬成為了一種強迫的繳費方式。有一些學校已強迫學生家長用自動轉賬的方式繳付學費。例如亦有會社採用這種方式以減輕自己機構處理收費所用的時間和人力，或甚而當消費者拒絕使用自動轉賬時要索取額外服務費用。採用繳費號或服務號愈來愈普遍了。很多企業已採用這類方法取代了電話服務員。當消費者致電企業要求或查詢，已錄好的聲音會指示消費者如何操作，獲取所需的服務："假若你要××，請按 1 字：××服務，請按 2 字……"等。

我相信很多消費者都願意接受這些高科技的服務，但不同類型的消費者有不同的接受程度。年輕人較有冒險的精神，故相信對這些高科技的服務的接受程度較高，而年紀較大的接受程度會較低。但是更須注意的是消費者使用這些高科技服務時，所繳付的服務費有上升的趨勢，這特別以銀行服務最為顯著。以往以為企業從採用高科技設備(如電腦等)所節省的人力資源的開支可令服務質素提高和費用降低的看法已成為神話。消費者將面對逐步高升的服務費用和更僵化無情的服務質素。

5.4.3 "技術"與"行為"兩層面

服務的特性可分為兩個層面："技術性"和"行為

性"。技術性乃指提供服務所需的技術或其設備。在銀行服務中，自動櫃員機便是"技術"的部分。行為性乃指提供服務過程中的"軟性"部分，例如人的接觸、排隊時間等。正如上述所言，在採用高科技的過程中，企業往往從本身的利益着想，希望經過介入新科技，減輕成本，然後提供更優質的服務，而漸漸忘掉了原來服務的"行為性"的重要性。現在讓我們看看以下真實的例子：

第一個例子與"繳費號"的服務有關。一位和記傳訊的傳呼機及天地線用戶透過"繳費號"支付服務費。她發覺有關費用已從銀行戶口中扣除，以為一切繳費的程序經已辦妥，可是過了不久發覺和記停止了有關服務。幾經與客戶服務部交涉，得悉電腦檔案沒有她已繳費的資料，她於是需到門市部再次繳費，但依然不能當日開台。這消費者感到非常憤怒，並有被人當作皮球一般踢來踢去的感覺，於是向和記投訴，結果發現原來當日該位消費者按入繳費通知單之編號並非天地線之賬戶號碼，以致最後導致停止該消費者的服務。

上述例子反映出一般依賴科技設備而引致的問題，按入錯誤編碼是其一、"繳費號"及有關同類的服務號（如電話公司的一些電話查詢和一些航空公司的飛機資料詢問或機票確認）都有同樣的情況。往往當錄音帶說出一連串不同的服務及其指示或按號，消費者卻沒有耐性去聆聽。一旦漏聽往往又要重新接駁再聽，十分費時。更有可能是：消費者所要求的服務又不在錄音帶上所說之列中、令人啼笑皆非，無所適從，滋味並不好受，徒增惡感。其二是設備本身無彈性和企業一向不注重服務的"行為性"。處理事件的服務員只按本子辦事，不懂彈性處事，加上企業內缺乏一個有效解決消費者疑難的溝通渠道、致令信息不能快速互通，使消費者蒙受不當的待遇。

第二個例子與銀行服務有關。有些銀行推出自動櫃員機後，便認為這正是顧客所需，將提供直接服務的櫃位服務員取消，即直接將服務特性的"行為性"抹掉，City Bank 便是這類銀行之一。假如你親自往 City Bank 付你的信用卡賬單，你將會碰一鼻子灰，銀行的櫃位服務員（雖然人數不多）會告訴你，他們不提供這種服務，並要求你利用自動櫃員機親自付款。

5.4.4 "行為"可補"技術"缺點

銀行取消了這種服務可能的因素很多，可能的因素之一當然是親自付款的人數不多，特別為一小撮顧客提供服務似乎不值得。但其實是當其他銀行同樣提供同一服務，而 City Bank 卻決定取消的話，City Bank 的競爭能力就會弱化了。此外，假若這類顧客數目不多，而銀行亦提供服務員服務的話成本並沒有增加，而競爭力則可維持。不但如此，這類不願意或不懂使用櫃員機的顧客可能實際上是一高收入而年歲較大的特別"子市場"，這個市場的顧客要求更多更高的"行為性"服務，而他們消費和付賬能力較高，失去了對銀行會是一種損失。

企業只注意服務的"技術性"而忽略了"行為性"是一錯誤。還有的是：最近有項研究顯示了一些企業會更進一步放棄服務的"行為性"而向消費者提供的服務將更全面針對服務的"技術性"。假若消費者要向企業（如銀行）獲取個人的服務（如向櫃位服務員諮詢），很多企業將會逐一收費。這種情況在銀行界中已明顯地出現了。以往一些不收取費用的服務，現已一一收取，而收費亦在不斷提升之中。對消費者而言，這是一項不受歡迎的消息，對企業而言最終亦受損。服務的質素在乎服務的"技術性"和服務的"行為性"兩者的並存，只著重提供兩者之一並不算是具有優質的服務。

同時，消費者所追尋的是他們每付出一分一毫所獲取的服務質素，故服務費用是決定服務的品質的主要因素，故此以為提供了服務的技術層面而以為可以增加收費，在介入新技術設備時可能有效，但在其他競爭者緊貼追隨時，這種做法只會令消費者漸漸轉移購買競爭對手的服務而已。

5.5

評估航空公司
的服務　游漢明

5.5.1　服務品質的5大要素

　　談服務品質，不論是核心服務（如航空公司）或週邊服務（如電腦維修），我們必須要了解服務品質的5大要素：可靠性、示形力、回應力、確信力和同理心。

(1) 可靠性：指企業能準確地履行所答允服務的能力；

(2) 示形力：由於服務本身屬無形，其品質很難衡量或評核，故需依賴一些有形的人物作為評核目標，例如設備、裝置、員工以及溝通用具等，這些人物外觀的善惡、污潔和新舊等都足以影響企業服務的優劣。

(3) 回應力：乃指企業有關員工或系統提供準而快服務的意願力。

(4) 確信力：乃指員工的知識、禮貌和能令顧客信賴所應具備的能力。

(5) 同理心：乃指員工能發揮"以心比心"的精神，

對顧客提供愛心和個人化的服務。

根據一些研究，5 大要素中以可靠性最為重要，其次則是回應力。筆者現以個人上次離港在機場內從辦理登機手續、離境手續、手提行李檢查、登機等候等數"關口"的觀察（筆者有"過關斬將"的感覺），以上述 5 個服務要素為主，評核有關機構的服務質素。

第一關：辦理登機手續。乘坐計程車前往啟德機場。筆者乘的是聯合航空公司班機，計程車司機駛近機場大廈時，無法得知應該在甚麼地方停車，因機場大廈的外牆並無指示，司機唯有在機場中部下車。可幸的是筆者的行李不多，因此並不介懷是否需要行一段路程才可找到航空公司的櫃位。

好不容易找到一輛推車，進入機場內，才知道聯合航空公司在 L 區。到達聯合航空公司的櫃位時，只見人山人海，排隊等候的人擁到各櫃位辦理登機手續，場面雜亂，人聲鼎沸，令人好不舒服。不過，這似乎是一所大機場的寫照。從示形力這個因素來看，機場的環境似乎並不令人滿意，給人一種緊張的心理壓力。筆者雖然在起飛前兩小時到達機場，但排隊的人已不少。

5.5.2　缺乏"例外原則"經驗

等候了 15 分鐘，隊伍依然不見縮短了多少，走上前看，原來有位乘客正向地勤人員動怒地質詢不能獲得機位的原因。再過了 10 分鐘，問題仍沒有解決，該乘客似乎愈來愈憤怒，情況維持了許久。最後，該地勤人員決定與乘客轉移另一櫃位討論，以免阻礙正在排隊的乘客。

其實，該地勤人員發現乘客需要額外服務時應立刻採用"例外原則"，要求上司特別處理，以免阻礙後面正在排隊等候的人羣。很多航空公司的地勤人員都似乎缺乏採用"例外原則"的經驗或訓練，故此有回應力不足的現象。

最後輪到自己辦理行李手續。由於筆者有一筒二呎多長的海報，希望存入機倉而不隨身攜帶上機，但地勤人員要求筆者簽寫一份文件，豁免航空公司對該行李損壞時所應付的責任。但該文件只指出容易腐敗或不合符尺寸的行李才需乘客簽署，自行負責，而筆者的這筒海報是一標準郵寄的硬紙筒，一般情況下不容易壓扁毀壞，故此筆者與地勤人員爭辯，但對方認為這不是一般"行李"，假若筆者不簽署該文件，堅決不受理。最後筆者只好自己攜帶到美國。

5.5.3 *服務的準則不一致*

當筆者在美國三藩市轉乘另一部聯合航空客機往目的地和依同一行程乘機回港時，筆者都不用簽署任何文件以豁免航空公司的責任。甚至於筆者主動詢問是否需要簽署同一文件時，美國地勤人員都一致表示無此需要。姑且不論是否應簽署該文件，但有一點值得注意的是：香港與美國同一公司的地勤人員對於處理同一事物或提供服務時所持的準則並不一致，故亦違反了"可靠"的服務原則。從消費者的立場而言，他只關注到服務機構在不同時間、地點和情形下是否能提供同一的服務。無法做到這一點，消費者便會認為服務並不可靠，其主要原因不外乎以下兩點：第一，服務機構並無統一的服務方針和政策；第二，服務機構並無統一的訓練方案，以確保實施時的水平（指上述 5 個因素）的一致性。

在一般服務機構中，對顧客具有特別權力的第一綫服務員（例如地勤人員、保安人員等）往往都會因個人的情緒或主觀判斷而提供"不一致"或"不可靠"服務的傾向。因此定期的訓練或任務簡要指示（briefing）是維持服務可靠性的基本營銷活動，以確保維持顧客對企業的滿足度和忠誠度。

5.5.4　笑容是服務的靈藥

在辦理手續的過程中，另一個發現是地勤人員缺乏確信力。確信力中的地勤人員的工作能力，可以從處理行李和印發登機證的速度反映出來。乘客並不同時與地勤人員觀看電腦顯示屏，故無法得悉地勤人員在處理過程中所遭遇的困難，而只能從地勤人員的神情、面色得悉或猜測。很多時候，有些航空公司在繁忙的班機中對一些地勤練習生進行培訓，令處理進度緩慢，嚴重影響航空公司的確信力和回應力。

影響確信力的另一因素是員工的禮貌和笑容。正如上述所言，地勤人員對顧客具有特別權力，在執行時往往板起面孔，要求乘客接受指示，例如"過磅"時要求乘客減磅或付額外行李費用，易碎行李須乘客簽署豁免賠償文件等，故容易與乘客產生摩擦，大大降低乘客的滿足度。笑容是服務最佳的靈藥，亦是一種非語言而表達禮貌的方式。板起面孔説："唔該！"或"多謝"並不表示地勤人員具備應有的禮貌。沒有燦爛的笑容相伴着"唔該"或"多謝"，禮貌並不能充分地表達出來，因為笑容顯示了地勤人員的"誠"與"真"，這正是優質服務所必備的。

5.6

企業、服務員、顧客的三角關係 游漢明

5.6.1 三種"控制"的涵義

　　首先解釋一下"控制"一詞。"控制"這個概念，不論是"知覺性的控制"、"實際行為性控制"或"決策性控制"，都與人如何管理週圍環境有密切的關係。"知覺性控制"乃指個人心理上感覺到環境對他造成某程度上的威脅或壓力。此種壓力的形成乃由於個人在該環境下缺乏有關的資訊而對有關事件進一步評核後產生的。當一位顧客走進一間採用單流排隊方式的銀行後，經排隊而被指派到一個櫃枱，假若該位顧客希望另一位櫃枱服務員為他服務，他很可能在心理上有被人控制的感覺。

　　"實際行為性控制"或簡稱"行為性控制"，乃指個人或其身體受到外界刺激物體或聲音所控制。"行為性控制"往往亦會引致"知覺性控制"。例如上述那位顧客被銀行職員指令或甚至用手將他推到某一櫃枱，他會同時感到行為上受到控制，喪失了自主權而心理上受到困擾。

第三種控制是"決策性控制"，乃指個人在某一環境下缺乏選擇途徑的機會，以滿足其個人需要。這種控制看似與"行為性控制"相若，實質上，不提供選擇途徑並不一定需要採用"行為性"的干擾，自動轉賬便是一個好例子。有些機構為了自己的方便，要求客戶以自動轉賬付款而不授受其他付款方式。這種做法無形將選擇途徑減為一個；即顧客只有接受或不惠顧。這種強迫性的做法若加諸於一些公共服務，可能會加深市民的不滿。因為自動轉賬這一類的付款方式對顧客形成額外的金錢和精神壓力，申請自動轉賬很可能要付特別服務費用，而自動轉賬亦有若干限制，例如要銀行戶口內有最低存款額等。

5.6.2 服務的三角關係

從企業的觀點來看，服務的接觸中包括了三個基本成員：企業、服務員和顧客。在圖 5.6.1 中，企業乃指組織內所釐定的服務程序及其與顧客接觸中所顯示的服務環境。服務程序因服務的種類而異，可以是顧客是否需要填寫表格，或是要與不同部門的經理商談等。程序有長、有短，亦可簡單或複雜，但長、短、簡單與複雜都是構成對服務員與顧客的控制程度。其實，企業在這三角關係中是管理階層的代號，因為一切服務程序與構成的環境都是由這階層的經理釐訂或設計的。

服務員是指企業內站在前線的工作人員，這些人員與顧客產生直接的接觸。生意的成敗，顧客的滿足度和再次光臨惠顧都與他們有重大的關係。服務員所採用的控制措施，不論是否來自"企業"，會"即時"引起顧客的心理（或甚至行為）的反應，故實際上可以"計時炸彈"喻之。服務員能否適當處理服務接觸中與顧客產生的摩擦，除了受"企業"所釐定的程序與構成的環境影響外，很多時候是由於"企業"與"服務員"間缺乏基本的溝通，即是上情不能下達，或下情不能上達。服務員本身受了企業"控制"所造成的困擾，而這困擾亦無從經週期性的訓練而得以紓解。

顧客是三角關係中的主角。整個服務過程中，顧客是（服務）生產者亦同時是消費者。在一間餐廳中，顧客在喝一杯咖啡時加糖加奶，直至他認為適當為止，然後再飲用。在享用自助餐時，顧客參與生產的過程更大，但是消費的角色依然存在不變。蘭格基（Langeard, 1981）及其同僚在一項研究消費者對服務的決策過程中，研究了以下幾個服務變項：

(1) 所需時間；

(2) 個人對環境的控制；

(3) 服務過程的效率；

(4) 人際間接觸的數量；

(5) 風險程度；

(6) 投入努力的程度；

(7) 依賴他人的程度。

他們的研究結果顯示"時間"和"控制"[即(1)、(2)兩項]為最重要的服務因素。這亦是一般顧客多喜愛傳統的服務方式，因為這些方式對顧客的控制較少，亦即是說顧客基本上需要"快"和能夠"控制"場面。而顧客一般最討厭擁擠的情境。擁擠表示不能"快"，亦不能讓顧客"控制"情境。以飲茶為例，酒樓人多，自然不能夠"快速"找到空位，以便能享用一盅兩件；顧客亦未必找到喜愛的位置。要做到這點，顧客要有"控制"情境的能力。在香港，很多酒樓已採用了排隊的方法，以代替舊式站在人家枱邊等候的方式。排隊的方式似乎是公平的，但由於控制權是在服務員手上，而這程序既然是由"企業"設計出來，顧客自然是處於被動地位。假若服務員有處理不公平，顧客除了不高興離去或向經理投訴外，基本上亦無可奈何。

5.6.3　三角關係間的衝突

企業、服務員與顧客的衝突是來自三方都希望能對情境有所控制。企業要採取控制手段，主要是要爭取"效率"以求標準化，是以企業要釐定出各種不同種類的程序或表格，要求服務員和顧客跟從或填寫。但一般而言，這些程序與表格的代價是顧客會對企業產生不滿。服務員與顧客間的控制屬知覺性的。服務員對顧客加以知覺性的控制，因為他往往以承接着企業從上而來的控制手段再加於顧客身上。服務員多以為自己有極大控制情境的權力，結果顧客變成沒有權力而被服務員命令依從一些標準化的程序，令顧客不快樂。

要令顧客感覺上控制着情境，企業的程序和構成的環境必須巧妙地安排，以能具有最大的彈性來為顧客服務，令顧客有"賓至如歸"的感覺。中國人所説的"賓至如歸"，其實就是講客人有知覺性的控制。可是這種讓顧客控制場面的服務接觸的弊端是對效率有負面的影響。例如，企業需要更多的員工以應付突發的事件，和一些難以控制的顧客。好處是較高的滿足度和忠誠度，可以抵銷效率降低帶來利潤的減少。

図 5.6.1　服務接觸的三角關係

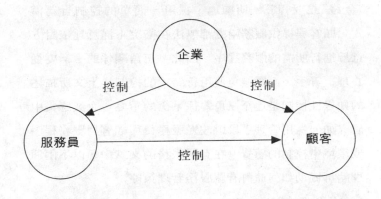

図 5.6.2　三角關係控制情境的得失

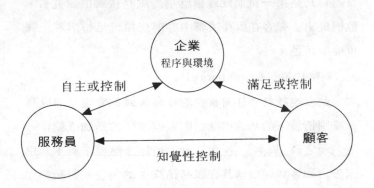

5.6.4 如何釐訂服務管理策略

一個理想的服務接觸是一個能平衡顧客與服務員對控制服務過程的要求，和企業對效率的需要。這個訴求是否可行？或者是一幢空中樓閣呢？要達到三者都滿意實際上並不是一件容易的事，所謂"順得哥情失嫂意"。何況很多企業都著重"效率"，因為效率對他們而言便是"金錢"或"利潤"。明顯地，採用一簡單的控制行為模式，顧客與提供服務兩方都無法在衝突下滿意地依對方意旨進行所需的服務程序。因此，三角關係的平衡要從心理上着手，而應避免使用行為式的控制。上文所描述的知覺性控制是達至三角關係平衡的重點，企業應集中研究如何採用管理手段以改變服務員與顧客對服務程序或環境中控制的感覺。在有關服務的文獻中，以下兩個理論可協助如何釐訂有關服務管理策略：

1. "角色理論"（role theory）

此理論認為：任何個人在社會與別人接觸中，參與者皆在扮演着不同但相關的角色。所羅門及其同僚（1984）乃是第一批將此理論應用於服務接觸的研究者。他們提出：顧客在服務接觸中亦應想象自己扮演着一個重要的角色。

2. "劇本理論"（script theory）

此理論認為：任何重複的社會接觸都會定型而成為一特別情境下的一連串既已固定或定型的活動或動作。他們稱之為"劇本"。採用話劇的術語來解釋，劇本乃用來告訴顧客如何扮演其在服務接觸中的角色，服務的先後程序，及其他角色如何在服務過程中互動的情況。史密夫和侯斯頓（1983）認為多數服務接觸都會慢慢地定型，而顧客亦在定型的過程中，根據劇本中角色的指示而在被人服務的過程中獲得其滿足。

　　服務接觸各參與者的行為是根據一個既定的劇本這個想法，與上文所描述的知覺控制的概念非常接近。假若參與者根據劇本辦事，這表示該服務接觸表現具有"可測性"，雖然雙方可能對環境沒有直接的控制。這可測性則進一步在心理上給予顧客和服務員控制當時情境的感覺。

　　試看以下例子，某銀行採用單流排隊方法，顧客光顧時自動在龍尾排隊。假若某一位顧客是以時間為最重要的訴求，雖然服務櫃枱的效率不一，而每一顧客所需服務的時間亦不一致，該位顧客仍樂意排隊而無不滿之意，因為根據以往的經驗，他知道這樣排隊方式是他能消耗最少的時間而能獲得服務的方式。他雖然對環境沒有直接的控制，但他預測到根據既定的方式排隊，速度必然最快，故在心理上他覺得對環境有信心。若銀行轉而採用分流排隊方式，恰巧他排上一列顧客需很多額外服務的隊伍，最後他花在排隊上的時間反而更長。

　　但是假若該顧客是以服務態度為最重要的訴求，而他又希望某一位服務員為他服務，這時單流的排隊方式可能不適合他了。或者，在重複的服務接觸過程中，顧客仍然在追求重寫其角色劇本。顧客會依然採用單流排隊方式，但輪到為該顧客服務時，而該顧客發覺服務員並非自己期待的服務員時，他願意站立在隊伍前等待，直至他心目中喜愛那位服務員有空為止。這種做法，往往沒有明文地寫在服務的程序上，而對服務員與企業的效率並沒有影響。但對該顧客而言，卻具有不同的意義，他會感到有更高的知覺控制，最後令他對服務質素有更高的評價。

根據這兩個理論，平衡服務接觸的三角關係在乎如何令顧客和服務員了解其所扮演的角色或劇本上的要求。米拉斯（Mius, 1983）更提出以"職員"的方式對待顧客，使顧客覺得自己是組織的一部分。改變顧客對"知覺控制"的感受，令顧客感到自己是一位職員或該組織的一部分，需要一個社會化的過程，即對待顧客如新的職員一樣，給予適當的訓練和照顧，令他們的行為遵守既定的守則。

5.6.5 給予顧客一些選擇

從營銷的角度來看，顧客對控制的知覺實因缺乏溝通之故。因此提高對顧客的溝通，令他們了解如何通過有關的服務程序，實有助增加顧客的知覺控制。

另一達至三角關係平衡的方法是給予顧客一些選擇。沿用上述例子，容許顧客在隊前等待並選擇自己喜愛的服務員，令顧客覺得他實際上有行為性的控制，雖然他最後可能決定不選擇自己喜愛的服務員而從善如流。

上述的討論存有一個基本的假設：三角關係中對控制存有極大的需要。實際上，顧客和服務員對控制的需要是非常有彈性的。他們之所以覺得有控制的需要，實

由於他們具有責任感或權利感——服務員覺得要向上司
負責，而顧客則覺得有權利要求企業履行服務責任。因
此，是否有控制的需要乃視乎情境而定。在一些情境
下，服務員可能覺得毋須向上司報告而自己可以作主給
予顧客特別的服務；顧客覺得自己的要求特殊而不能判
斷企業是否有責任要滿足自己的要求。

總而言之，服務是一個生產的過程，服務員與顧客
同時是這過程中的重要分子。沒有顧客的參與，這過程
就毋須運作。

5.6.6　平衡三角關係幾個問題

但是顧客在參與中必須放棄一些對企業的控制，而
需服從服務員或遵守某一些服務程序。可是控制的減少
往往帶來顧客的不滿，故針對顧客而言，貝信
（Bateson）提出了幾個問題，以供企業在平衡三角關係
時參考：

(1) 增加顧客對控制的感覺，是否能令顧客對這服
務交易感到更加"物有所值"？

(2) 顧客如何以他對控制的感覺來評定服務的好壞
呢？更重要的是：他如何以控制的感覺來比較
競爭者的服務素質？

(3) 如何教育顧客而令服務接觸的表現更具可測性
呢？這即是説，如何利用訊息以增加顧客的知
覺控制？

(4) 能否將服務程序分割成若干部分，而進一步了
解如何在每部分中影響顧客的知覺控制程度？

針對服務員而言，他則提出以下問題：

(1) 能否給予服務員更多控制，使其能對顧客提供更佳的服務？

(2) 能否給予服務員更多行為性的控制，以滿足他們對控制的需要？

(3) 現時服務員對顧客或環境的控制程度有何感受？

(4) 現時的服務環境與程序中有何因素直接限制了服務員對顧客的控制？

5.7

中國的服務性行業

盧榮俊

5.7.1 引言

比起傳統的農業和製造業，服務行業（又稱第三產業）往往是被忽略的一環，就算在一些服務行業較發達的超級工業國家，服務行業同樣地不被放在優先發展地位。另外，雖然服務貿易所佔總國際貿易的比例日漸上升，但其受重視的程度仍較有形貿易為低。與此同時，有關跨國服務行業方面的研究仍然非常貧乏，明顯地跟現實情況脫節，實有改善之必要。所謂"服務"有下列 4 大特點：

（1）無從觸及

（2）容易消失

（3）千差萬別

（4）"生產"與"消費"同時出現

目前，中國大陸的服務行業仍然相當落後，從數字上看，1991 年服務行業佔國民生產總值的比重為 26.8%，從業人員則佔全社會勞動人數的 19%，遠低於發達國家的水平。

1992 年召開的全國加快第三產業發展工作會議中曾指出‧中國大陸服務行業的發展目標，初步定為每年平均增長為 11%，並正式鼓勵外商開發零售市場。自去年以來，外商競相投資國內的服務行業，形成一股外資進軍國內的旋風，預計未來數年的增長率應可超出預定之目標。

在大陸，第一產業是指比較直接取之於自然的產業如農業及礦業等；第二產業是指加工製造業；第三產業是上述兩類產業以外的所有活動，如商業與貿易、金融與保險、旅遊與娛樂、文教與衛生、倉貯與運輸、信息與通訊、諮詢與技術服務、社會和家庭服務等。

相對第一及第二產業來說，服務行業在大陸是最受忽視和受壓制的一環。1984 年之前，這種行業的生產值並無官方的統計數字，充分反映其受忽略的程度。

根據數字顯示，一般發展中國家的服務行業約佔國民生產總值的 30% 至 35%，先進國家約佔 60%，而大陸雖然增加至 1991 年的 26.8%（人民幣 5,296 億元），但仍比一般發展中國家所佔的比例為低。

在這背景之下，有關大陸服務行業研究的文章極少，原因是搜集資料遇到不少阻力，過程比較艱巨。

由於服務行業的落後，國內家庭往往都會在飲食、購物、交通各方面遇到較大及較多的問題。另外，由於缺乏一些輔助服務行業如顧問諮詢、公關、會計等行業提供良好的服務配合，大大影響工業的發展及工業企業的經濟改革進展。

在論及大陸服務性行業前提下，少不免要提一提上海。由於獨特的地理環境，優秀的傳統工業及人才的配合，上海獨佔了"龍頭"地位，對長江流域及整個大陸的未來發展將扮演重要的角色。近年來上海除積極發展金融（包括銀行、保險）及股票市場的集資活動外，在商業、貿易及轉口貿易、交通、倉貯、通訊等方面也在全面推廣，這對從事研究大陸服務行業的學者，提供了一個非常理想的基地。下文主要集中介紹上海的服務性行業，特別是商業方面的情況。

1984 年，大陸在探求上海經濟發展戰略時，提出了上海的經濟必須由長期以工業為主的單功能生產基地轉向多功能的綜合經濟。進入 90 年代，綜觀上海近幾十年的發展過程，許多專家及學者指出，上海和其他老工業基地一樣，已失去了穩定的工業原料供給和對企業和市場的壟斷地位，因此唯有發展服務行業才是上海經濟振興的主綫。

5.7.2 90 年代改革開放的前綫

1990 年，中共當局決定對上海黃埔江東岸的浦東地區加快開放和開發，上海頓時成為 90 年代中國改革開放的前綫；同時，中央方面也給予多項服務性行業的優惠政策，如外商可投資於零售業等，提供了上海很大的一個發展機會。1991 年初上海召開"振興上海商業研討會"，市長黃菊在會上指出"上海商業發展之日，就是上海振興之時"。

1992 年初鄧小平的南巡講話，更進一步加速上海

"大商業、大市場、大流通"格局的形成。

就以 1992 年為例，上海市消費品零售額為人民幣 465 億元，比上年增長 22%。一般商品貨源充足，購銷兩旺，購物環境進一步改善，供應商品質量進一步提高，許多批發公司還向零售滲透，發展零售網點和批零兼營網點，擴大市場銷售。

目前，上海商業企業正進入深化改革、轉換經營機制，半數大中型商業企業推行業務經營、商品定價、勞動用工、工資分配、投資發展、機構設置等 6 方面自主的改革，其他還會推行股份制、發行股票、組成企業集團、小型企業租賃、拍賣等改革措施。1992 年 10 月底，12 家大中型商業企業開始作"無行政隸屬關係"的試點，以利於企業在市場競爭中不斷發展。

5.7.3 為引進技術提供有利條件

總括而言，大陸自 1978 年實行開放政策以來，無論在貿易及投資引進方面，都有相當驕人的發展。在經濟起飛及"市場導向"的帶動下，消費者的利益開始受到了重視，對引進先進服務技術方面，提供了客觀的有利條件。筆者深信，跨國服務行業公司在大陸進行轉移服務技術投資，獲取利潤的同時，亦將引致大陸效率低的服務性行業全面革新，這有助於大陸達成四個現代化的目標。

值得一提的是，從筆者兩年來先後 5 次考察上海的心得，總認為大陸現階段實施的宏觀調控措施，對上海經濟發展影響不大，反而由於其"龍頭"地位，相對地加強了其優勢。筆者深信，以上海具有的各種優厚條件，提供服務性行業適當的發展機會。對於上海當局發表的預測：服務性行業佔總生產值比重由現在的33%，在本世紀末時提升至 45%，而達致這項目標的機會應該是甚高的。

5.8

引 進百貨業服務技術

李志恆　盧榮俊

5.8.1　引言

　　中共當局為了大力發展第三產業（服務行業），加速
了大陸零售百貨業的發展步伐，鼓勵外商投入資金和引
進技術，中共國務院於 1992 年 7 月公布以 11 個大城
市作為試點，每地區可設立 1 至 2 家大型合資百貨商
店，該些地區分別為北京、上海、天津、廣州、大連、
青島、深圳、珠海、汕頭、廈門和海南，此舉主要是希
望透過外商的參與，得以引進外國"創新"的服務技術和
營運方式，從而改造大陸零售企業的管理，長遠而言，
可以協助大陸零售商擴展海外市場，成為有效益的跨國
零售集團。

　　在中共當局的鼓勵下，中外合資百貨公司紛紛成
立，在經濟較為發達的大城市中，已開業和較為矚目的
中外合資合作百貨商店，有北京的賽特商場（即八佰
伴），上海的先施、鴻翔，武漢的永安、新世界百貨和
上海的美美百貨（即九龍倉）等，由於這些中外合資百貨

商店大量地引入外地的零售百貨業服務技術和管理方式，與內地原有的國營百貨商店有很明顯的分別，所以給內地消費者耳目一新的感覺，加上所售賣的進口商品本身對內地消費者有很大的吸引力，所以吸引到很大的客流量和觸發了一股消費潮，同時亦帶給國營百貨商店很大的衝擊，在服務、商品和管理的顯著差距下，國營百貨商店不得不作出檢討。

5.8.2 同時引進軟硬技術

在硬技術的引進方面，最明顯的例子是引入了收銀機收款設備，取代了人手收款的不便，原有的國營企業過去一般採用人手收款，由售貨員用人手開具購物發票，收款員按發票所述金額向顧客收款，並在發票上蓋上收款印章以代表已收妥貨款。這種收款方式的壞處是收銀員無法確定售貨員所填寫的金額是否正確，而且公司在事後的資料統計上要花費大量的人力才可以把銷售資料重新整理。收銀機的引入不但在形象上給人先進和有效率的感覺，實質上收銀機可以協助收銀員清楚核對商品貨號和售價是否正確，保障了公司的利益和減少了人手上的失誤機會，部分中外合資百貨商店更善用收銀機的功能，由收銀機自動打印發票，取代了人手開發票的不便和提高了銷售效率。另一種硬技術的引進是計算機取代原有的算盤。在國營百貨商店，舊式算盤隨處可見，但中外合資百貨公司則要求售貨員和收銀員採用袋裝計算機，旨在提高公司的先進形象。

在軟技術方面，中外合資百貨公司引入了貨場貨架的設計和裝修佈局。過去國營企業多採用封閉式的貨架設計，以密集的售貨員隊伍招呼顧客，藉此減輕商品失竊的可能性，但基於消費者的心理，外地的百貨公司多採取半自助式的陳列方式，讓顧客隨意觸摸商品，以增加成交機會，而中外合資的百貨公司一般都引進半自助式的陳列方式，一方面可以滿足顧客觸摸商品的心理，增加選商品時的快感，另一方面可以減少售貨員的人力需要，這也是為何中外合資百貨公司與國營百貨商店在每方尺售貨員人手比例上有如此大的差別。另一方面，中外合資百貨公司亦引入了售貨員全面服務的技術，顧客由選購商品以至付款、包裝均由售貨員代勞，以往國營百貨商店由售貨員開出發票後，顧客須自行到收銀櫃台付款，付款後拿回已蓋上收款印章的發票存根給售貨員才能領取貨物。但中外合資的百貨公司卻多數引用外地的習慣做法，由售貨員直接收取貨款和交收銀員，免卻顧客來回收銀櫃台和售貨員櫃台的不便，使顧客購物滿足感大大提高。

5.8.3 無可避免的內外阻力

但中外合資百貨公司在引進服務技術時並不是一帆風順的，在企業內外均受到一定程度的阻力，在企業以外，部分消費者並不如一般所料完全接受和明白引進的服務技術，因文化背景不同，消費者對部分服務方式的改變有抵觸情緒和抗拒心理，舉例來說，部分大陸消費者並不接受半自助式的商品陳列方式，認為百貨公司對顧客招待不周，他們仍然期望有大量的售貨員站立在貨架櫃台後把商品交到顧客手上，而不是他們自行選定後才有售貨員上前招呼和介紹商品。另一方面，部分消費者亦誤解了中外合資百貨公司的宣傳訊息，例如外地百貨公司幾乎每年必定舉行大減價以作招徠，但大陸消費者往往把百貨公司大減價宣傳視作為清理殘次商品的行動，並不相信在大減價時可以買到優質的商品。又例如外地消費者一般也明白百貨公司所舉行的大抽獎中獎機會很微，但大陸的消費者往往認為能參加抽獎者必定可以中獎，這和他們誤解買股票必定可以賺錢相似；當他們發覺自己沒有中獎，便認定百貨公司有欺騙成分，使百貨公司的促銷宣傳收到破壞形象信譽的反效果。

除消費者外，部分政府官員對服務技術的引進也不適應，對百貨公司採用外地的管理標準有不同的見解。例如，曾有中外合資百貨公司要求在員工下班時檢查員工帶出的私人物品，以保證員工沒有非法帶走公司的商品或用具，這做法在世界各地十分普遍，但政府卻以此舉侵犯員工人權而下令制止。又例如大陸各零售商業一向必須使用政府統一印制的銷售發票，當中外合資百貨公司自行設計適合電腦收銀機使用的電腦發票時，便必須向有關政府部門提出申請和得到批准後方可使用。這對中外合資百貨公司構成很大程度的不便，有時為了迎合有關部門的要求，更須修改電腦設備的硬件和軟件。

在企業內部方面，員工對引進的服務技術亦有所抗拒，因中外合資百貨公司多採取外地的管理辦法，與從大陸招聘的員工所習慣的原有管理制度不同，加上文化上的差異，員工往往作出錯誤的理解，因而產生不滿情緒。例如外地零售百貨業普遍採用的銷售佣金制度，以售貨員售出商品的總金額計算應得佣金，在售貨員未能達致銷售額指標時便不發放，這原是一種激勵辦法，以鼓勵員工盡力爭取超越銷售指標和爭取更高的銷售業績。但由於大部分員工過去均接受平均分配福利的概念，對此辦法視為一種不平等的待遇，因而產生反感，亦懷疑公司是否刻意設下障礙，使員工得不到應有的福利，最後激勵辦法反而影響了員工的積極性。

另一方面，員工對引進的服務技術要求的抗拒和不合作態度亦往往使百貨公司難於推行全面的顧客優質服務。舉例來說，部分內地招聘的員工仍然未接受顧客至上的原則，仍然認為顧客到百貨公司購物是"有求"於百貨公司，因此無法培養出服務顧客的熱誠，反而對一些衣着比較差的顧客施以白眼和拒絕接待。為解決這方面的問題，中外合資百貨公司不得不着重員工的培訓，紛紛在開業前投放大量的資源和時間訓練員工，以保證員工能表面上做到國外的服務水平；而且還需要不斷推行在職訓練，以確保所引進的服務標準能長久維持、又例如引進半自助式、開放式的商品陳列辦法，企業員工便感到極為不滿，除了從概念上和習慣上完全改變之外，員工更擔心會增加商品失竊機會和直接增加重複整理陳列商品的工作量。更有趣的是，當部分中外合資百貨公司引入開放式陳列櫃台和現代的裝修設計時，內地的裝修工人（尤其是北方的城市）無法理解圖則的說明和缺乏這一方面的施工技術，往往使裝修工程延誤或出現貨不對辦情況。

5.8.4　引進者亦須作出調節

因此，基於中國大陸人民的教育程度、文化和生活習慣與外地有很大的差距，外商在引進零售百貨業服務技術時便必須格外小心，一方面應注意消費者和內部員工是否有足夠和成熟的思想去接受技術上的轉變；另一方面要注意在應用上和理解上有否出現偏差，在現階段來說，只有推行適當的培訓與內部市場營銷概念，使員工接受和保持所要求的服務技術；同時配合運用漸進方式去"教育"消費者及進行"示範"工作，使員工逐漸明白及接受"創新"服務技術營運方式。但歸根究底，把服務技術進行國際轉移時是必須因地域的差異而作出修訂和適應，更不應祈望大陸的消費者和員工能作出單方面的適應，引進技術者本身亦需要作出調節和修訂，才能達致事半功倍之效。

6

社會營銷學

6.1

商學院學生道德水平是否較低？ 謝清標

在美國，商業道德已成為眾多商學院的熱門課題，甚至已經成為商管學學士課程的必修部分，但香港各大專院校在這方面對商學院同學的培訓卻似乎有所忽略。倘若斷言缺乏德育的商科學生其道德水平會較低，這當然是過甚其詞，但如果商學院同學的道德水平確實較其他學院學生為低的話，那麼對香港各商學院來說實有迫切的需要開辦商業道德的課程。當然筆者的論點是基於一項假設，就是學生的商業道德水平是可以通過大學教育而提升。

眾所周知，今天的商管學生將很可能成為未來的商界領袖，他們的商業道德水平對未來香港及中國商業社會的運作，可以說影響深遠。根據近年香港廉政公署的統計資料顯示，商界在香港及大陸的貪污個案有明顯上升趨勢；為此，商管的學者們應該就目前商學院學生的道德水平作出深入研究，希望香港的大專院校能夠培育出一批廉潔和有正確道德觀念的商界精英。

筆者一直懷疑商管的同學很可能較其他學系的同學容易習染到一些不大正當的企業經營手法。在演繹商務運作期間，講師們可能在無意中將部分商界中不道德的手段傳授給學生，而同學們亦往往在不自覺地誤把老師或課本內所講述的一切盲目吸收。例如，在開拓市場時，很多老師及書本會用煙草業作為例子，就是很多先進國家已實施嚴格的法例來抑壓煙草業的發展，煙草商人為了填補自己國家日益下跌的營業額，往往將產品傾銷到一些管制寬鬆的落後或發展中國家。誠然，商人固然可獲得可觀的市場增長率，但如果老師在引入例子時忽略了向同學提醒這方法在道德層面上需考慮的問題，同學們可能在日後經商時會理所當然地把厭惡性行業，甚至帶危險性的產品或生產工序轉移到管制較少的地區，而不是謀求改善產品或工序減低對社會所造成的危害，這對發展中國家及其人民往往會帶來極大的痛苦和難以補救的遺害。

　　為了驗證上述的觀點，筆者曾經進行一項研究調查，以問卷形式去探索商學院同學及非商學院同學道德水平的異同。問卷的主要內容包括要求同學們表示他們對一系列價值觀（共 24 題）的意見。同學們在讀完每一句子後，必須指出他們是：

　　A、十分不同意；

　　B、不同意；

　　C、無意見；

　　D、抑或是同意；或者是

　　E、十分同意。

以下是問卷內所用的一部分句子：

（1）為求在商場上獲得成功，管理人員經常須對個人的道德操守作出妥協。

（2）無論在任何情況下，公司主管須採取任何手法務求企業能維持下去。

（3）所謂商業道德就是合法地經營。

（4）一般商業行政人員都有兩套做事準則，分別應用於工作及私人生活中。

（5）晉升機會應看重一個人的賺錢能力，而不是他的道德操守。

問卷分別發給 300 名中大學生，在其填妥後即進行各類統計分析，結果如下：

（1）商學院同學的道德水平明顯地較非商學院同學為低。

（2）女同學的道德水平顯著地較男同學高。

（3）高年級同學的道德水平顯著地較低年級的同學高。

（4）父親任職商界的同學顯著地較其他同學的道德水平為低，但母親的職業未有對同學的道德水平產生顯著的影響。

（5）是否信仰宗教或者信奉哪一種宗教對同學們的道德水平都沒有顯著的影響。

（6）家境富裕的同學道德水平和其他同學的道德水平沒有顯著的分別。

上述資料顯示，商科學生的道德水平確較非商科學生的道德水平為低。筆者下一步的研究將集中於是否可以通過講授商業道德的理論去提高同業們的道德水平（道德水平可能自小培養而成，非日後大學教育所能改變），如果研究結果是正面的話，各大專院校的商業學院應該考慮把商業道德的科目列為商學院同學的必修課程，並要求講師在講課時加入道德的指引。

6.2

廣告與消費者保障

何淑貞

6.2.1 引言

在已經發展至一定程度的市場經濟中，廣告已成為製造商與消費者之間的重要溝通橋樑，很可惜亦成為引起激烈爭議的問題。

根據廣告擁護者的論點，廣告直接或間接為現代市場經濟的發展作出貢獻，而市場經濟又視為一種有利於改善社會生活水準的經濟模式。另一方面，反對廣告的人卻指責廣告妨礙消費者選擇，有時甚至誤導消費者。爭論儘管沒有簡單答案，但廣告會影響消費者的購買決定已成事實，此事實足以說明我們必須更仔細地探討廣告的負面作用，並尋求可行的改良方法。

廣告的基本作用是提供信息，說服及提醒消費者。在消費者運動中，人們主張消費者有權保護自己的利益，其中包括獲知信息的權利。驟眼看來，廣告宣傳與消費者運動在關於提供資訊的問題上，似乎是並行不悖的，然而此論點並不正確。消費者需要誠實、真確的資訊，以便進行明智選擇，但廣告由於受傳播時間及媒介空間的限制，以致資訊內容須精心挑選，有意或無意間造成誇大及失實情況。結果，消費者獲取資訊的需求便不能完全由廣告來滿足。

有鑒於此，本文將討論下述問題：

(1) 香港廣告的失實程度；

(2) 消費者免受廣告誤導的保障多寡及其成效；

(3) 有關避免廣告誤導的消費者保障的前景，消費者委員會在反對失實廣告的工作中所扮演的角色。

6.2.2　香港廣告真實程度研究

在香港，對廣告真實性的研究起步很遲，在最近10 年才引起關注。模範市場研究社在一次調查中訪問了 250 位消費者，其中 48% 表示同意"電視廣告有誇大成分，但基本上仍算誠實"的說法。AGB McNair 的調查顯示 41% 的被訪者同意類似看法："電視廣告基本上仍屬誠實。"Sin 與 Cheung 氏的調查中則發現 82% 的被訪者認為"一般而言，廣告並未提供有關產品的真實情況"。奧美公司的調查顯示有 67% 的被訪者認為，"大部分廣告並不反映事實，只是營造氣氛"，而有 68% 認為"大多數產品並未如廣告宣傳般良好"。最近杜納梅與白思奇所作一項調查顯示，52% 被訪者同意"很多商業廣告誤導消費者"的說法。顯然，上述調查的被訪者多年來一直懷疑香港廣告的真確性。

上述調查以被訪者的看法為基礎，而消費者委員會卻用分析廣告內容的方法進行另兩項研究。透過這種方法，可以更易鑑定廣告的失實程度，從而對問題作更深入了解。

第一項調查於 1982 年後期進行，在經過挑選的報刊中收集廣告樣本（6,090 個），由評審團評估這些廣告的失實程度。調查結果顯示有 25% 抽樣廣告有誤導成分，這些"問題"廣告多屬 6 類產品範疇，即成藥、醫療、減肥中心、美容院、化粧品及旅行社。

第二項調查於 1984 年後期進行，而實質上是補充第一項調查。調查首先收集 6 類最多誤導廣告的產品範疇的廣告樣本，然後進行與第一項調查相同的評估程序，在 1,466 個抽樣中，7% 被評為有誤導性，20% 有虛假資料，14% 則包含不可靠資料。不真確成分多屬誇大性能及效率、訂價及價值可疑或虛報獨特性。與第一項調查比較，有問題廣告雖已見改善，但消委會認為仍需進一步改善。

6.2.3 香港廣告管制現況

討論迄今，可證實香港廣告的真確程度尚待改進之處仍多，亦顯示香港廣告需要若干形式的管制。現時香港管制廣告的形式有兩種：

（1）政府制訂法例及規例；

（2）廣告業自律。

• 管制法律不足

目前，限制、管制或影響廣告的條例不少，重要者有二：

（1）《商品說明條例》：禁止任何形式的廣告提供虛
　　假商品說明；
（2）《不良醫藥廣告管制條例》：禁止向公眾廣告宣
　　傳某藥物可治療某些疾病。

　　電視廣告受電視廣告準則管制，對廣告真實性有下
列規定：

　　在產品成分、特性、作用，或推薦的用途等方面，
不得包括任何不符事實的暗示。

　　儘管存在這種種管制機制，但其有效程度尚待提
高，此情況可歸咎於 3 種因素：

1. 執行機構成立之初並未獲賦予額外權力，例如影視
　及娛樂事務管理處只是作為電影檢查部門而設立，
　並非監察電視廣告的真確性。同樣，海關通常只是
　關注冒牌貨問題，而不會查探廣告包含的虛假商
　品說明。如果這些機構要徹底履行更大責任，就
　需要更佳訓練，更多人力、技能與資源。畢竟，
　執行機構欠缺主動，只在接獲公眾投訴時才採取行
　動。

2. 條例範圍不夠全面，因此效力不足。《商品說明條
　例》僅僅管制有形可見的產品，並未顧及無形的服
　務。詳觀香港經濟，國民生產總值有 70% 以上來自
　第三產業，忽略服務業廣告管制無疑會阻礙條例有
　效執行。《不良醫藥廣告管制條例》對許多疾病或病
　態的治療廣告並未加以管制，例如禿頭、肝機能失
　調、增高及肝炎等。

3. 違例者的處罰太輕，未形成重大阻嚇作用，條例並

無規定廣告商要向消費者賠償，亦未要求採取糾正措施，製作更正廣告。

- ***自律不足***

香港廣告商會是提倡自律的廣告業團體，曾訂定管制會員廣告業務的準則，其有關廣告真實性的守則提出：

廣告須提供真實資料，不得用暗示或因遺漏而引致誤解。

這守則的效力也是有限的。

1. 商會會員只是一些主要的廣告公司及代理商，大部分廣告代理商並非會員，因而不受商會管制約束。因此，該會促進業內自律的潛力便大打折扣。

2. 廣告商會制訂的廣告準則雖經不斷修訂及改進，但與其他許多國家比較，涉及範圍仍屬有限。例如，消委會調查中的兩個問題產品範疇減肥中心及美容院的廣告並未受規例管制，而西方國家對這兩個範疇的廣告則十分關注。從下文我們會知道，這類廣告是近年消費者經常向消委會投訴的對象。

6.2.4 討論與總結

整體而言，對廣告真確性的管制，無論是強制或自願的，都存在其局限性。當然，這並不排除將來可作改善，關於此事，消委會曾促請要雙管齊下，實施更嚴格的管制，其建議正確與否至今仍然合用。

在自律系統方面，消委會建議廣告商會擴大會員資格範圍至廣告客戶、廣告代理商及大眾傳媒。此外亦需為公眾提供投訴誤導性廣告的渠道，規例及處罰應清楚列明。

在立法管制方面，消委會提議制定一項全面法例，以管制整個廣告業，而非保留現行的"零碎"系統。並應設立中央部門執行該法例，而不是如現時般由多個政府部門分別執行不同的法例或條例。

有關保障消費者問題的討論，若無消費者參與，顯然是不全面的。被誤導或招致損失的受害者畢竟是消費者，這令我們想到教育消費者的問題，要使他們對誤導性廣告保持警覺。在這問題上，成立於 1974 年的消委會扮演極重要的角色。

多年來，消委會已建立維護消費者利益的信譽。在保障消費者免被廣告誤導方面，消委會起碼可肩負兩項任務。

第一，消委會應繼續監察廣告內容，一如 80 年代初期所為，兩個關於廣告的調查報告已引起公眾關注，並對教導消費者對廣告的負面影響保持警覺有極大幫助。消委會的 1983 年調查報告曾評及廣告商會的守則，公佈調查後，該商會對其業務守則已作出細緻修改。

第二，消委會應鼓勵消費者更積極投訴有問題的廣告手法，無論是否有法例管制這些廣告手法。筆者曾分析 1987 年至 1990 的 4 年間，消費者向消委會投訴廣告的個案共 69 宗，這與消委會每年接獲的各類投訴相比（1989 至 1990 年度共 9,657 宗），可謂微不足道，但分析結果則很有趣，可總結如下：

（1）被投訴的廣告出現於各種傳媒，包括電視、電
　　台、報刊雜誌、直銷郵件及小冊子：

（2）約半數投訴與減肥及美容中心有關：

（3）除減肥及美容中心外，其餘投訴分別屬有形產
　　品及服務：

（4）大部分投訴與價格及產品價值有關，例如價格
　　有別於廣告所宣稱者：

（5）另一大類投訴是與遺漏基本資料有關，例如沒
　　有詳細說明獲免費贈品的條件。

　　分析結果發人深省，顯示消費者會警覺各種傳媒上
的問題廣告。對服務行業的投訴集中於減肥及美容中
心，這證實《商品說明條例》及《不良醫藥廣告管制條例》
正如上文所述，確有不足之處。不過，投訴性質清楚明
確，多與金錢有關。至於較微妙的誤導性問題，即使存
在，消費者亦較少投訴及察覺。

　　消費者委員會在完成上述兩項任務的過程中，可蒐
集有關資料，以便提出立法建議，以及制訂教導大眾監
察廣告整體真實性的計劃。在廣告業、政府、消委會及
消費者的共同努力下，我們也許能令廣告更接近合法、
純潔、正派、誠實及真確的境界。

6.3

反吸煙運動是否得民心？　冼日明　何偉霖

6.3.1　20 億元的香煙市場

　　1985 年底發表的廣播事業檢討委員會報告書，建議禁止電子媒介播放香煙廣告，但遭到煙草商、商營電視台及廣告界強烈反對，另一方面亦有不少人贊成，不過，沉默的大多數——普羅大眾——又怎樣評估港府的反吸煙政策及應採取的方法？這正是本文要探討的問題。

　　在討論本文的研究方法及結果之前，先看看本地香煙市場及香煙電視廣告之重要性。

　　在 1985 年，香港 8 間煙草公司有超過 100 個品牌的香煙在市面銷售，此外，每年還有一些新牌子進軍這個市場，例如近年有 JPS、維珍尼亞、金高樂、嘉賓及特威樂等。為了要在這個超過 20 億元的市場分一杯羹或擴大市場佔有率，差不多每一家煙草公司都在廣告方面作出大量投資。1983 年煙草業全年的廣告費約為 1.38 億元；1984 年升至 1.53 億元，升幅 10%，1985 年首 10 個月的廣告費支出已達 1.6 億元，較上年同期增逾 20%，其中以萬寶路的廣告費最龐大（表 6.3.1）。表 6.3.2 是香煙廣告媒介分佈情況。這些數字顯示電視為煙草商的最重要廣告媒介，其比重高達 75%：印刷刊物也有日趨重要之勢：至於在 60、70 年代佔有重要地位之電台，則逐漸被其他媒介所替代。

根據以上數據的分析，假如港府接受廣播事業檢討委員會報告書的建議，在 1988 年全面禁止電視及電台播放香煙廣告，筆者估計會對香港煙草業現時的市場結構造成下列影響：

(1) 一些主要的領導品牌（leading brands）會損失一種有效和重要的推廣媒介。

(2) 現時激烈的電視廣告戰會轉變成為品牌之間的減價戰。

(3) 新品牌因缺乏有效的推廣媒介，而難以進軍本地市場。

6.3.2 研究方法

• 資料收集過程

本文的資料是 1985 年 12 月底利用電話調查 415 名市民收集而來。調查的工具是基於一份結構性的問卷，每次訪問約 10 分鐘：問卷分 3 部分：

(1) 鑑定被訪者是否有吸煙習慣。

(2) 利用 12 項 Likert 式態度量句（attitude statement），收集被訪者對反吸煙運動及方法的態度，這些態度句子配以 4 個可能性的回覆，避

表 6.3.1　廣告費用最多的 10 種香煙

1985 年(首 10 月)廣告費			1984 (全年)廣告費		
	(千元)	%		(千元)	%
1. 萬寶路	31,591	19.73	1. 健牌	26,050	16.97
2. 健牌	23,479	14.66	2. 萬寶路	23,921	15.58
3. 總督	15,933	9.95	3. 總督	15,486	10.08
4. 萬事發	9,638	6.02	4. 雲絲頓	12,907	8.40
5. 希爾頓	9,529	5.95	5. 金高樂	8,266	5.38
6. 雲絲頓	8,269	5.16	6. 嘉賓	7,099	4.62
7. 特威樂	8,012	5.00	7. 希爾頓	6,776	4.41
8. 良友	5,886	3.67	8. JPS	5,849	3.81
9. 金高樂	5,172	3.23	9. 沙龍	5,429	3.53
10.沙龍	4,651	2.90	10.維珍妮亞	3,931	2.56

資料來源：SRH Media Index, 1984, 1985。

表 6.3.2　香煙市場的廣告媒介使用情況

廣告媒介	1984 年(全年)		1985 年(首 10 月)	
	廣告費(千元)	%	廣告費(千元)	%
電視	115,989	75.56	120,024	74.98
香港電視	96,283	62.72	92,902	58.04
亞洲電視	19,706	12.84	27,122	16.94
電台(商業電台)	5,110	3.33	3,200	2.00
印刷刊物	20,289	13.21	24,738	15.45
報章	14,211	9.25	18,690	1.67
雜誌	6,078	3.96	6,047	3.78
地下鐵路	9,887	6.44	9,399	5.87
電影院	2,221	1.45	2,704	1.69
總數	153,496	100.00	160,065	100.00

資料來源：SRH Media Index, 1984, 1985。

免被訪者出現模稜兩可的回答，這種問卷設計能更有效地調查被訪者的態度）。

(3) 包括一些有關個人資料的問題，以鑑定被訪者的性別、年齡、婚姻狀況、教育程度、職業及居住情況等。

本文的調查對象為 12 歲以上的市民。為了獲得一個有代表性的樣本，筆者從 1985 年的電話簿中，以隨機抽樣方法，選出 400 多名市民。在調查進行期間，若被訪者不予合作或拒絕回答，則以最接近的電話號碼替代。結果回覆率達 80%，這樣理想的回覆率反映一般市民對這次主題的濃厚興趣。

- **態度量句的穩定性**

有關調查公眾態度的研究指出，用以量度態度的句子所採用句語往往會影響被訪者的回答取向。例如當被訪者被問及是否同意某一態度句子時，通常他會傾向回答"同意"或"是"；尤其是當被訪者對某論題還未形成強烈意見時。

為了避免上述量度誤差，在這個研究進行時，所有的態度句子皆設有正負兩種形態，例如在查詢被訪者對香煙電視廣告會否引致年青人吸食香煙的看法時，半數被訪問樣本會被問及是否同意以下的句子："香煙電視廣告會引致年青人吸食香煙"；其餘的被訪問樣本則需就"香港電視廣告不會引致年青人吸食香煙"這個句子表達意見。

上述研究設計有兩個主要優點：

(1) 研究者可就同一態度句子所用的句語對回覆分

佈（distribution of responses）之影響，進一步評
估該態度句子之穩定性。

(2) 採用交替式的問題形式，可避免被訪者回覆時
的單向誤差（unidirectional bias）或由光輪效應
（halo effect）所引起之誤差。

表 6.3.3 是該 12 項態度句子之正反兩面句語。如
表中所示，所有句子皆存有十分良好穩定性，這點可從
同一句子之正反兩面的相近回覆分佈顯示出來。例如在
查詢被訪者對吸煙與健康之關係所持的態度時，51.9%
的首樣本（即回答甲項問題的 208 名被訪對象）同意"吸
食香煙會危害身體健康"；51.2% 的次樣本（即回答乙項
問題的 207 名被訪對象）則不大同意"吸食香煙不會危
害身體健康"，故此全部句子可保留作隨後分析之用。

• **被訪問者的個人資料**（表 6.3.4）

415 名被訪問者中，有 66 名為吸煙人士，佔樣本
16%，這與政府在 1984 年公布的 18% 頗為接近，故此
這調查樣本可說是具有頗高程度的代表性。

為了鑑別吸煙者及非吸煙者之異同，筆者曾以 χ^2
測驗檢定以上兩組之分別。結果顯示吸煙人士主要為男
性、未婚、年紀較大及教育程度較低。當吸煙人士被問
及為何吸煙時，他們回答的理由主要有三：受家人或親
屬影響、受社會影響及出於好奇。

表 6.3.3　態度量句的穩定性（單位 %）

態度句子	非常同意	稍同意	稍不同意	非常不同意
1. ＊甲、吸煙會危害健康	42.3	51.9	4.8	1.0
乙、吸煙不會危害健康	1.9	9.2	51.2	37.7
2. 　甲、香煙電視廣告不會引致年青人吸煙	1.4	30.3	63.9	4.3
＊乙、香煙電視廣告會引致年青人吸煙	4.9	57.4	34.8	2.9
3. ＊甲、港府應禁止電視播映香煙廣告	10.1	54.6	32.4	2.9
乙、港府不應禁止電視播映香煙廣告	2.0	44.1	48.5	5.4
4. 　甲、港府應繼續准許香煙在市面售買	3.9	64.6	27.2	4.4
＊乙、港付應完全禁止香煙在市面售買	6.3	27.3	56.1	10.2
5. ＊甲、港府應立例禁止 18 歲以下的青少年買煙	29.3	51.9	16.8	1.9
乙、港府不應立例禁止 18 歲以下的青少年買煙	3.9	30.1	55.3	10.7
6. 　甲、反吸煙運動不值得支持	1.4	12.2	63.6	22.8
＊乙、反吸煙運動值得支持	32.4	62.8	3.9	1.0
7. ＊甲、禁煙廣告不會減底吸煙人士的選擇權利	2.4	57.3	36.4	3.9
乙、禁煙廣告會減低吸煙人士的選擇權利	1.0	53.0	43.0	3.0
8. 　甲、港府不應禁止香煙在報刊登廣告	3.9	49.8	43.5	2.9
＊乙、港府應禁止香煙在報刊登廣告	2.9	42.4	50.7	3.9
9. ＊甲、吸煙會危害周圍人士的健康	35.6	54.8	9.1	0.5
乙、吸煙不會危害周圍人士的健康	2.9	9.2	60.2	27.7
10. 　甲、"香煙"這個產品有存在價值	3.4	47.8	42.5	6.3
＊乙、"香煙"這個產品沒有存在價值	6.9	40.7	49.5	2.9
11. ＊甲、港府應進一步增加"禁止吸煙"的公眾地方	28.8	61.5	7.2	2.4
乙、港府毋須增加"禁止吸煙"的公眾地方	2.4	22.8	63.6	11.2
12. 　甲、港府不應再加香煙稅	7.2	28.0	56.0	8.7
＊乙、港府應再加香煙稅	10.2	58.5	28.0	2.9

註：在 415 名被訪者中，208 名需就甲項問題發表意見，其餘 207 名則回答乙項問題。

＊ 為了方便以下的討論，這些語句的態度句子將會被採用於隨後的分析和討論。

表 6.3.4　被訪者資料

個人資料	吸煙人士 （n = 66）	非吸煙人士 （n = 349）	合計 （n = 415）	百分比 （%）
性別				
男	59	164	223	53.8
女	7	185	192	46.2
年齡				
12–20	6	109	115	28.0
21–30	23	121	144	35.1
31–40	8	52	60	14.6
41–50	11	27	38	9.2
51 或以上	18	36	54	13.1
婚姻狀況				
未婚	40	143	183	45.0
已婚	26	198	224	55.0
教育程度				
未受過正式教育	8	17	25	6.0
小學	15	46	61	14.7
中一至中三	22	53	75	18.1
中四至中五	14	99	113	27.2
中六至中七	0	43	43	10.4
大專或以上	7	91	98	23.6
職業				
學生	2	127	129	31.3
主婦	2	54	56	13.6
藍領工人	5	8	13	3.2
文員	22	30	52	12.6
服務行業人員	0	6	6	1.5
教師	3	29	32	7.8
商業行政人員	7	14	21	5.1
專業人士	4	11	15	3.6
公務員	2	27	29	7.0
退休	2	14	16	3.9
其他	17	26	43	10.4
居住房屋類型				
公共屋邨	18	133	151	36.5
臨時房屋區	3	5	8	1.9
木屋區	6	8	14	3.4
居屋單位	5	15	20	4.8
私人樓宇	32	170	202	48.8
其他	2	17	19	4.6

6.3.3 公眾對反吸煙運動的看法

通過資料的轉化過程，表 6.3.5 顯示被訪者對 12 項正面語句態度句子的看法。為了方便分析之用，現根據被訪者對句子的同意或不同意程度，將有關句子劃分為以下 5 類：

(1) 極表贊成的意見(80% 或以上同意)
- 吸煙會危害健康(91.6% 同意)
- 反吸煙運動值得支持(90.8% 同意)
- 吸煙會危害周圍人士的健康(89.1%同意)
- 港府應再增加"禁止吸煙"的公眾地方(82.6% 同意)

(2) 贊成的意見(60% 至 79.9% 同意)
- 港府應立例禁止 18 歲以下的青少年買煙(73.6% 同意)
- 港府應再加香煙稅(66.8% 同意)
- 香煙廣告會引致年青人吸煙(65.3% 同意)

(3) 稍贊成的意見(55% 至 59.9% 同意)
- 港府應禁止電視播映香煙廣告(59.4% 同意)

(4) 中立的意見(45% 至 54.9% 同意)
- 禁止香煙廣告不會減低吸煙人士的選擇權利(52.9% 同意)
- "香煙"這個產品沒有存在的價值(48.2% 同意)
- 港府應禁止香煙在報章及雜誌上刊登廣告(45.9% 同意)

(5) 不贊成的意見(60% 至 79.9% 不同意)
- 港府應完全禁止香煙在市面售賣(67.4% 不同意)

態度句子	非常 同意 (%)	稍 同意 (%)	稍不 同意 (%)	非常不 同意 (%)	平均值[1]	標準差
表 6.3.5　被訪者對廣告看法的項目分析(N = 415)						
1. 吸煙會危害健康	40.0	51.6	7.0	1.4	1.699	0.662
2. 香煙廣告會引致年青人吸煙	4.6	60.7	32.5	2.2	2.323	0.596
3. 港府應禁止電視播映香煙廣告	7.8	51.6	38.1	2.4	2.352	0.659
4. 港府應完全禁止香煙在市面售賣	5.4	27.3	60.3	7.1	2.691	0.680
5. 港府應立例禁止 18 歲以下的青少年買煙	20.0	53.6	23.4	2.9	2.092	0.737
6. 反吸煙運動值得支持	27.6	63.2	8.0	1.2	1.828	0.613
7. 禁止香煙廣告不會減低吸煙人士的選擇權利	2.7	50.2	44.6	2.5	2.468	0.594
8. 港府應禁止香煙在報刊登廣告	2.9	43.0	50.2	3.9	2.551	0.620
9. 吸煙危害周圍人士的健康	31.6	57.5	9.2	1.7	1.809	0.664
10. "香煙"這個產品沒有存在價值	6.6	41.6	48.7	3.2	2.484	0.667
11. 港府應再加"禁止吸煙"的公眾地方	20.0	62.6	15.0	2.4	1.998	0.669
12. 港府應再加香煙稅	9.5	57.3	28.2	5.1	2.289	0.706

註：① 愈接近 1，即愈同意：愈接近 4，即愈不同意。

上述分析可歸納為以下兩個重要的結論——

1. 公眾大多支持反吸煙運動，主因包括吸煙會危害個人及周圍人士的健康；

2. 在討論如何壓止吸煙人數的增長時，公眾大部分傾向採取：

   （1）進一步增加"禁止吸煙"的公眾地方；

   （2）立例禁止 18 歲以下的青少年購買香煙；

   （3）進一步增加香煙稅等措施。

      至於廣播事業檢討委員會報告書提出"禁止電視播映香煙廣告"的建議，則有 59% 的被訪者贊成。

6.3.4　被訪問者的差別

    上述討論只是將所有被訪者視為一整體。然而，不是所有的被訪者對政府的反吸煙政策皆持有相同看法。一般而言，一個人的背景往往會影響他對事物的態度。所以本文其中的一個主要目的，就是要比較不同性別、年齡、婚姻狀況、教育程度及吸煙行為的人，對反吸煙政策各方面所持有的態度。χ^2 測驗的結果概括地列明於表 6.3.6。

1. 吸煙行為

    按吸煙行為將被訪者劃分為吸煙及非吸煙人士。如表 6.3.6 所示，非吸煙人士顯著地較吸煙人士傾向支持政府的反吸煙政策。這兩組人態度上的差別可用消費者行為學的"平衡理論"（balance theory）加以解釋——這個理論指出，吸煙人士為了要維持其對吸煙的行為及態度間之平衡及一致性，他們會較傾向

表 6.3.6　不同背景的被訪者對反吸煙運動所持態度的
χ^2 測驗結果

態度句子	性別	年齡	婚姻狀況	教育程度	吸煙行爲
1	a(女性)	—	a(已婚)	a(中六或以上)	a(非吸煙人士)
2	a(女性)	—	b(未婚)	—	b(非吸煙人士)
3	a(女性)	—	—	—	—
4	a(女性)	—	a(未婚)	a(中三或以下)	b(非吸煙人士)
5	—	—	—	—	b(非吸煙人士)
6	b(女性)	a(12-30)	—	—	a(非吸煙人士)
7	—	—	—	—	b(吸煙人士)
8	a(女性)	—	—	—	—
9	b(女性)	—	a(已婚)	a(中四或以上)	a(非吸煙人士)
10	a(女性)	—	—	—	a(非吸煙人士)
11	—	—	—	—	a(非吸煙人士)
12	a(女性)	b(12-30)	a(已婚)	a(中四或以上)	a(非吸煙人士)

註：a：應用 χ^2 測驗時，在 P < 0.01 水平下有顯著差異
　　b：應用 χ^2 測驗時，在 P < 0.05 水平下有顯著差異
　（　）：括號內的被訪者較贊成是項態度量句

否定吸煙對健康的不良影響及反對政府施行的反吸
煙政策。

2. 性別

在比較不同性別的人士是否對反吸煙政策有不同的
意見時，表 6.3.6 指出，女性比男性較傾向同意香煙
對健康及青少年的不良影響；此外，女性較男性多
支持反吸煙政策。兩性在這個論題的態度差別，相
信可用表 6.3.4 的數據解釋，因有較大比例的吸煙人
士爲男性，故基於以上的討論，他們會較傾向否定
反吸煙政策之效能。

3. 年齡

表 6.3.3 顯示不同年齡的人士意見大致相同；不過在
"反吸煙運動值得支持"及"港府應再加香煙稅"這兩
個論點上，12 至 30 歲的人士較其他組別的人士傾
向更為支持。

4. 婚姻狀況

在分析已婚或未婚人士對反吸煙政策是否持有不同
意見時，表 6.3.6 明顯指出，已婚人士較傾向同意
"吸煙危害健康"、"吸煙危害周圍人士的健康"及"港
府應再加香煙稅"。另一方面，未婚人士則較認同
"香煙廣告會引致年青人吸食香煙"及"港府應禁止香
煙在市面售賣"。

5. 教育程度

被訪者的教育水平與其對反吸煙政策所持的態度存
有十分明確的關係。教育程度較高者傾向更同意吸
煙對健康及周圍人士之不良影響。此外，他們較支
持增加香煙稅以壓制香煙的銷量。另一方面，教育
程度較低者則傾向認為禁止香煙電視廣告為反吸煙
運動的可行政策。

很明顯的，以上的分析顯示不同性別、年齡、婚姻
狀況、教育程度及吸煙習慣的人士對反吸煙運動所持的
態度亦有差別。通常較支持反吸煙運動之人士主要為女
性，或較年青，或受過較高教育，或為非吸煙者。

6.3.5 掌握民意有利推行政策

筆者藉着今次調查，嘗試從一般市民的觀點來分析

政府的反吸煙政策，結果顯示一般市民皆表示支持反吸煙運動：但在評估各種方法時，公眾認為禁播香煙電視廣告並非唯一可行之法，他們大部分較認為增加香煙稅和禁止 18 歲以下的青少年買煙更為有效。此外，數字也顯示不同背景者對反吸煙運動持不同意見。

在眾說紛紜之際，本文的研究結果對港府評估廣播事業檢討委員會報告書有關禁播電子媒介廣告，以及釐定長遠的反吸煙運動政策時，應具有參考價值。

6.4

香港反吸煙廣告的宣傳策略 陳志輝

6.4.1 反吸煙的宣傳效益

在不久將來，香煙廣告便會在香港電視上消失。這是以立法手段管制香煙銷售宣傳的結果。這種管制，是香港反吸煙運動的一個組成部分。

香港反吸煙運動有一個特色，就是其採用的宣傳媒介基本上只有電視一類；除此之外，便是張貼海報和派發單張，而香港的反吸煙電視廣告宣傳已經有十多年歷史。

儘管香港反吸煙運動的媒介組合十分簡單，這運動卻仍惹來社會上不少的批評和議論。究其原因，是運動本身的影響面極廣。

就我們手頭的資料顯示，在 1984 年，香港的煙民總數達 744,500 人；1984 至 1985 年度的煙草銷量更達 574.833 萬公斤（Government Information Services，1986）。而煙草業的廣告費用支出更是龐大，1983 年的總支出超過 1.38 億港元；在 1984 年的全港 10 大廣告

客戶中，第 1、第 3 以及第 8 位均是煙商（冼日明，
1985）。

這寥寥幾個數字，已足夠反映出反吸煙運動對普羅
大眾、煙草商，以至對香港的經濟，都有深遠影響：因
此整個運動的市場效益也就特別令人關注。

6.4.2 推銷觀念的年代

市場學在傳統上均視產品、服務和觀念（product、
service and idea）為三位一體的廣義產品。理論上，研
究產品營銷，必然包括產品、服務以及觀念。換句話
説，能被接納的市場學理論均可應用於對產品、服務或
觀念的營銷上。

反吸煙運動便是一個典型的觀念市場營銷（idea
marketing）的例子；更常用的名稱是社會市場學（social
marketing）及社會廣告學（social advertising）。

但至目前止，香港學術界對觀念的市場營銷研究仍
嫌十分匱乏；然而，此一技巧被廣泛應用的時代已經來
臨：例如家庭計劃、肅貪倡廉，以至最近的基本法徵求
意見，雖說是不同的宣傳運動，但若研究其實質，都是
市場營銷的一種應用。直接選舉的出現，競選活動亦將
愈趨激烈和頻繁；而這也將是觀念推廣的另一個用武之
地。

際此歷史時刻，從學術的角度研究觀念市場營銷，
實在有重大意義。在這裏，我們試圖通過已有公論的傳
統廣告宣傳的管理模式，對已往十多年的香港反吸煙運
動作回顧和分析，希望可以找出一些與商品廣告宣傳

（commercial advertising）相較的異同之處。

反吸煙運動的單一媒介特徵，將為以下的分析提供莫大方便；但亦同時成為本文結論的局限。

6.4.3 廣告宣傳系統及計劃

從商品廣告管理的角度出發，一般的廣告宣傳系統（advertising system）應有 4 個組成部分。核心是廣告商（advertiser），對等一方是市場及消費者（market and consumer behavior）。另外兩類機構，其一為輔助性的（facilitating institutions），包括廣告代理商、媒介及研究提供者：其二為監察控制性的（controlling institutions），包括政府及競爭對手（圖 6.4.1）。

另一方面，對於一個廣告計劃的構成，也可以用一個結構圖表去解釋（圖 6.4.2）。圖 6.4.2 顯示一個廣告計劃模式（advertising planning framework）。這模式的特點，在於承認廣告宣傳是市務計劃（marketing programme）的一部分，但同時亦指出廣告計劃的獨立性——廣告計劃必須有其本身的目標、預算、媒介組合以及文稿設計。

再者，任何計劃均要跟隨環境分析（situation analysis）的結果而制訂。環境分析通常包括對廣告代理商、競爭對手及社會與法律的限制的分析。最後，基於調查研究的結果掌握了溝通和說服過程的特點，從而決定並推出一個廣告宣傳運動（advertising campaign）。

本文以下的分析，基本上是按圖 6.4.1 和圖 6.4.2 的組成元素而進行。

圖 6.4.1　廣告宣傳系統

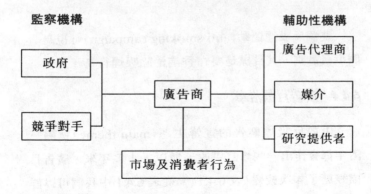

監察機構　　　　　　　　　　　　　　輔助性機構

政府

競爭對手

廣告商

廣告代理商

媒介

研究提供者

市場及消費者行為

資料來源：Aaker D. A. and J. G. Myers (1987).

圖 6.4.2　廣告計劃的構成

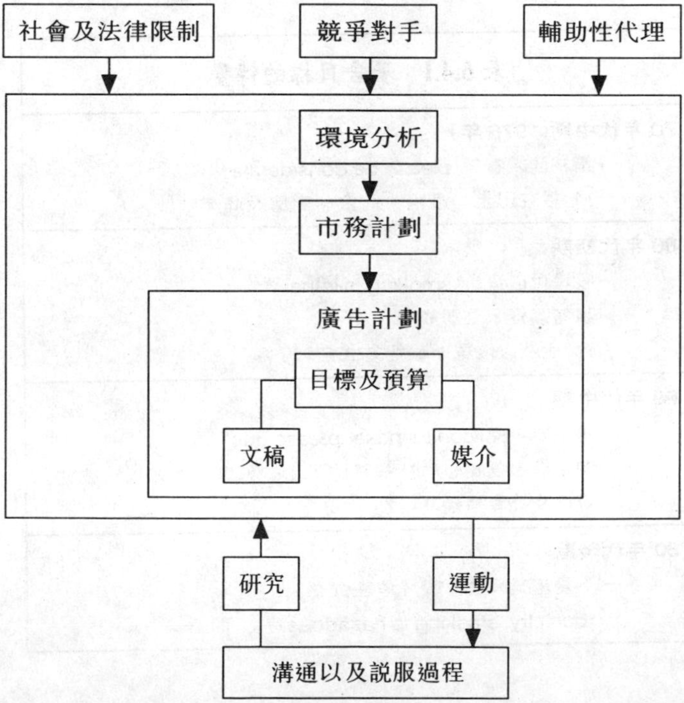

社會及法律限制　　　　競爭對手　　　　輔助性代理

環境分析

市務計劃

廣告計劃

目標及預算

文稿　　　　　　媒介

研究　　　　　　運動

溝通以及說服過程

資料來源：Aaker D. A. and J. G. Myers (1987).

整個反吸煙運動（anti-smoking campaign）可視為一個市務計劃，其目標是要在香港消除吸煙行為。

6.4.4　廣告目標沿革

由於反吸煙廣告的宣傳主題（main theme）每隔三兩年都會作出一些修訂更改，所以，十多年來，廣告目標經歷了 4 次改變（表 6.4.1）。從表 6.4.1 中我們可以詳細看到這些主題的修改（或說是廣告目標的改變）的情況。我們發現了一個逐漸發展的趨勢：最初期的目標較偏重於說服和教育，旨在影響觀感（attitude）；其後的目標卻變得語氣較強硬，直接要求一種行為上的更改，

表 6.4.1　廣告目標的轉變

70 年代中期（1976 年）

　　——請為他人着想（please be considerate）

　　（包括在巴士、渡輪、約會、廚房及商業傾談。）

80 年代初期

　　——吸煙可以致命（smoking is lethal）

　　——請勿遲疑，立即戒煙。

　　（類比為以俄羅斯輪盤方式自殺）

80 年代中期

　　——請不要吸煙（don't smoke, please quit）

　　——開始提出要關心對社會其他人士的影響，例如指出被動吸煙及吸煙是過時行為。

80 年代後期

　　——不要嘗試吸煙，吸煙危害健康

　　（don't try, smoking is hazadous）

要求人們停止吸煙。至於目標改變的原因，最主要是由於不斷得到新的、可信性高的醫學報告，對吸煙怎樣危害健康有了更肯定的了解；其次，是由於要配合新訂的中央政策。

因為反吸煙的廣告宣傳基本上只以電視一途，故媒介開支大部分均屬於電視宣傳片；又由於電視台牌照的條件，政府可免費獲得播出時段（spots），所以，電視宣傳片的開支主要就是拍攝成本。其餘的開支都花在攝影和印刷宣傳海報、單張及小冊子上。

6.4.5 廣告預算盡力而為

至於預算的制定方法，就反吸煙的廣告宣傳而言，可歸類為"盡力而為"（all you can afford）法。因預算撥款是以政府新聞署內部的負責小組為單位的；而每一個小組所要負責的宣傳運動都多於一個，包括每年的重點宣傳項目和恒常性的宣傳項目，故此，最大筆的撥款通常都是先分配給重點項目，餘下的數額再在恒常性項目裏攤分。

反吸煙運動的廣告宣傳屬恒常項目，故所得預算撥款之多少，只能盡力而為地爭取。換句話說，撥款的分配額將可限制每年宣傳計劃的制定。

文稿設計（copy decision），文稿創作由新聞署負責，但宣傳片的創作則由外間獨立的創作公司承拍。

6.4.6 創意形式不外靠嚇

創意形式（creative style）一般都採用帶有驚嚇性

（fear appeal）的獨特銷售重點（unique selling point）。所謂銷售重點即為"不要吸煙"，連帶上一些如影響健康、引致疾病或社交上不被接納等"恐嚇"。至於廣告片的類型，可説是多樣化的，但十多年來的宣傳片中，約半數可歸類為"生活小品"（slice of life）式的：其餘宣傳片的類型則屬：

(1)"發言人"（spokesperson）式，如 yul brynner：

(2)"類比"（analogy）式，如俄羅斯輪盤：

(3)"趣味"（fantacy）式，如卡通片：及

(4)"特別效果"（epecial effect），如心電圖等。

　　宣傳片的多類型設計是為了避免觀眾感到厭煩。所以，每一個主題（廣告目標）都會有數個不同版本的宣傳片。但要注意的是，文稿設計通常都沒有刻意地考慮到市場劃分（market segmentation），即在時段安排、媒介選擇以至受眾目標（target audiences）都是採用無分別策略（undifferentiation）。

6.4.7　文稿測試規模有限

　　文稿測試（copy testing）在宣傳片播出前後，政府新聞署均會進行，主要是根據其他國家的經驗來作估計，或是根據新聞署官員的專業估計，當然還有採用其他形式的科學化測試手段：但其規模若和商界一般情形相比較，可能會屬於較小規模，這固然是由於商界所能投資的金錢十分鉅大所致。

6.4.8 媒介決定隨機行事

媒介決定（media decision）在上文已有提及，反吸煙廣告宣傳主要以電視一種媒介，再以小冊子、標貼和海報。

至於具體的電視宣傳片的播放時段的安排（scheduling），或多或少是隨機的，但至少仍能保持其連續性（continuous）。因為儘管電視台撥出的免費時段已有一定數目，但通常每一個月均有超過 30 個項目的宣傳片需要播出若干次，故由新聞署自行決定的時段安排便存在着一定的內部競爭，而優先權自然屬於重點宣傳項目。

6.4.9 市務計劃立法干預

回顧了反吸煙的廣告計劃之後，我們再來看看整體的市務計劃。這個市務計劃的營銷對象，即產品，就是"不再吸煙"這個觀念，並旁及其他有關的資料信息，這產品並不存在市場價格，沒有定價的問題。

而在推廣及分銷方面，通常這兩項功能都是同一時間進行。這是"產品的特性"使然，此市務計劃的目標是傳遞信息，而這樣的同一性實在是資訊市場營銷的一大特色。

反吸煙運動所應用的推廣及分銷手段是多樣化的，除了上述分析的廣告宣傳外，還利用了社區活動與公眾傳播的配合（community activities and publicity），例如和電視台、電台或其他志願機構合辦的綜合節目、嘉年華會，或如不吸煙日等等；以及利用了立法（legislation），例如禁吸煙區的規定、香煙廣告和煙包上的警告字句等；最後，還運用了對煙草商的廣告活動進行立法管制的手段。

6.4.10 環境分析涇渭分明

反吸煙運動作為一個市務計劃，其銷售對象自然就是全港市民，其中可再分為吸煙者與非吸煙者。由此，若換上以煙草商的角度去看，還可以將吸煙者細分為某品牌的忠實吸煙者，及非某品牌的吸煙者（圖 6.4.3）。

據圖 6.4.3 的分析，不難發現，香港政府在推行反吸煙運動時，必須面對兩個競爭對手。其一為組織強大的煙草商，其二則為普羅煙民，他們至今仍未有正式組織起來。

圖 6.4.3　市場及消費者分析

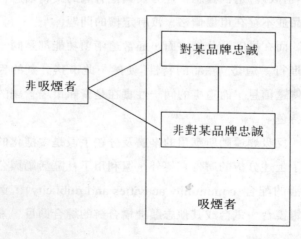

就整個反吸煙運動而言，這是一場"對抗品牌忠誠的戰爭"（a battle for brand loyalty）；所謂的品牌忠誠，不僅僅是對於香煙牌子，更是對於吸煙行為。明乎此，反吸煙運動的艱巨性就十分明顯了。故此，一向以來，反吸煙廣告都是以潛移默化的方法，慢慢地、長期地發揮其影響和教育的功能。

至此，我們對十多年來的反吸煙廣告宣傳已有了概括認識，以下將廣告系統的模式對這運動作進一步分析。

6.4.11 廣告商的功能

就反吸煙的廣告宣傳來說，香港政府就是廣告系統中的廣告商。但我們一般所説的廣告商的 4 大功能，卻非全由單一的政府部門負責（表 6.4.2）。策略及財政的決定在過往均是布政司署的衛生福利科（Health and Welfare Branch）負責；但自 1988 年度開始，這些決策權將轉移到另一個組織，即"吸煙及健康委員會"（Council of Smoking and Health）。

表 6.4.2 廣告商的功能

功能	負責機構
① 策略指導（目標制定）	衛生福利科
② 財政支持	吸煙與健康委員會
③ 對廣告系統資源的控制	政府新聞署宣傳
④ 品牌經理的執行	事務課

從表 6.4.3 可以看到，宣傳事務工作小組除了擔當廣告商的部分功能外，亦同時擔當廣告代理商及研究提供者的部分功能。這情況在商界並非罕見，就如某些大機構所自行設立的內部(in-house)廣告製作部門一般。

表 6.4.3　輔助機構的功能

功能		宣傳事務工作小組	私人專業公司	其他政府部門
廣告代理商	創作	*	·	
	製作		*	
	媒介購買	*		
	市場調查	△	*	*
	客戶服務	△		
媒介(宣傳渠道)		·	*	
研究提供者	消費者調查		*	
	銷售(反應)調查		*	*
	文稿測試	△	*	
	媒介習慣	△	*	

*完整規模　　△小型規模

6.4.12　政府的監察及控制

從監察的角度看，政府不單是廣告商，同時亦是監察者。各方面的計劃均是政府決策的反映，而其他情況亦須遵守一般的廣告宣傳法例。至於作為競爭者的煙草商,其一方面不斷地推出質素高、吸引力大、說服力強的香港廣告宣傳片;另一方面也發動了龐大的輿論反攻,即如曾以"自由貿易原則"、"歧視性監管"及"自由選擇"等理由,試圖在非廣告宣傳的領域裏發揮其影響。

再者,煙草商甚至積極開拓宣傳媒介,以期抵銷政府逐步禁止電視香煙廣告所帶來的打擊,例如愈來愈多的大廈外牆廣告畫及各種類型的商業贊助。

6.4.13 溝通途徑

綜上所述,傳統的商品廣告宣傳模式均適用於反吸煙運動的廣告宣傳,但由於反吸煙運動是由政府負責,亦即社會廣告宣傳的一種形式,在廣告宣傳系統的各種角色及功能分配上,出現了相對於商界的重複、重疊的現象。基於此,我們嘗試對傳統的商品廣告宣傳的廣告系統模式作出修訂,使之更能反映由政府發動的社會廣告宣傳的運作情況(圖 6.4.4)。

這一系統顯示,社會廣告宣傳是政府與民眾直接溝通的一種可行途徑。政府在這溝通過程裏佔着主動地位,是整個系統的核心;它同時擔負着政策制訂、政策施行以及實質運作的功能,而其目標是要教育普羅大眾。

至於外圍的組織就比較簡單。一般來說,對所要宣傳的觀念來說,持反對意見的社會成員都是政府的競爭對手。輔助性的製作公司、媒介及研究提供者都和商界

圖 6.4.4　社會廣告宣傳系統

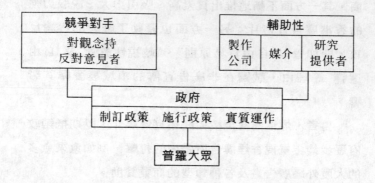

的情況相似。但尚有一點應該留意，就是政府能夠以發牌為手段，在一定程度上控制着媒介。

　　政府在社會廣告宣傳的操作上就像一所大商行，擁有自己的（儘管規模較小）代理商和製作部門，故此有極高的效率；但由於缺乏競爭，創意（creativity）方面可能要稍加留意。

6.4.14　宣傳手段政府獨有

　　另外，因為政府角色特殊，可以通過立法的手段去控制競爭對手，削弱對手的競爭力。例如在反吸煙運動中，政府可立法強逼煙商在煙包及廣告上加上"政府忠告市民，吸煙危害健康"的警告字句，可說是利用了競爭對手本身作為一種宣傳媒介。而設立禁止吸煙區的措施，更是通過對行為的束縛來達到宣傳目的，這都是其他任何廣告商所不可能嘗試的宣傳手段。

最後，基於以上的特殊性，外在的社會文化因素影響便顯得相對地小，因為政府所要付出的，只是可能被某部分公眾批評為"專制"和"一意孤行"的代價而已。

6.5

香煙廣告與青少年吸煙的關係 冼日明

6.5.1 引言

長久以來，香煙廣告會否引致非吸煙人士吸食香煙，已成為政府、煙草商、廣告界及社會人士爭論不休的問題。建議全面禁制香煙廣告的人指出，吸煙危害健康在醫學上已有明證，此外，香煙廣告更會引致青少年嘗試吸食香煙。反對禁制香煙廣告的人則提出以下幾個論據：

(1) 禁制香煙廣告扼殺言論自由；

(2) 禁制香煙廣告剝奪吸煙人士獲取產品資料權利；

(3) 香煙廣告不會引起非吸煙人士吸煙；

(4) 青少年吸煙的原因是受親友或同輩而非廣告影響。

香港一份有關吸煙行為的研究報告指出，吸煙者在香港已有一種年輕化的趨勢，吸煙者的年齡已下降至 6 至 7 歲，青少年每年花在香煙的消費已超過 5,000 萬港元。這些數字指出青少年吸食香煙已是非常普遍的現象，故如何有效減低青少年吸食香煙的傾向，實為政府及關心年青人健康人士當務之急。本文根據一份實證的研究報名，嘗試描述現今香港青少年吸食香煙的可能原因，並提出一些具體的建議。

6.5.2 限制電視播香煙廣告

自 70 年代初，香港政府已開始嘗試減低公眾吸煙的傾向。在 1973 年當政府與兩家電視台續牌時，雙方已達成協議，不得在兒童節目時間(下午 4 時至 6 時半)播映香煙廣告，這是港府限制香煙廣告的第一步。

其後政府多次考慮延長限制播映香煙廣告時間，但因條例所限而未能付諸實行，直至 1982 年通過《吸煙(公眾衛生)條例》，規定所有香煙廣告必須附加"政府忠告市民吸煙危害健康"的警告語句。而電視廣告的警告字句面積也不得小於廣告的 20%，出現時間也不能少於 4 秒，這是政府管制香煙廣告的第二步。

1983 年港府成立"反吸煙宣傳運動委員會"，專責檢討現行反吸煙法例及宣傳運動。隨後，自 1990 年 12 月起，政府全面禁止香煙廣告在電子媒介播出，該禁制也在 1991 年 12 月伸延至電影院。在 1992 年 8 月，港府的健康與福利科提出 份反吸煙的諮詢文件，建議全面禁止香煙廣告在印刷及戶外廣告媒介刊登。

雖然面對不斷增加的香煙廣告限制，香港的煙草商每年仍在廣告及推廣方面作出大量投資。1991 年煙草業的廣告支出約為 1.6 億元，而 1992 年首 10 個月的支出則為 1.1 億元，其中以萬寶路的支出最高，約為全行的 30%（表 6.5.1）。香煙廣告內容大多將吸煙人士塑造成健康、成功、受歡迎、獨立及快樂的人。

表 6.5.1　首 10 個香煙牌子廣告費用的支出〔單位　港元〕		
品牌	1991 年	1992 年（1 月至 10 月）
萬寶路	43,007,000	36,517,000
萬事發	22,926,000	16,027,000
沙龍	20,313,000	12,559,000
健牌	18,411,000	18,981,000
登喜路	12,096,000	6,128,000
金徽一百	9,687,000	5,663,000
Kool	8,045,000	3,399,000
希爾頓	7,078,000	958,000
雲絲頓	3,668,000	899,000
良友	2,873,000	849,000
全行總支出	166,782,000	112,854,000

資料來源：HK Ad Adex。

6.5.3　探討青少年吸煙原因

為了探討影響青少年吸煙行為的原因，中文大學市場學系於 1993 年中進行了一個深入的實證研究。首先，以隨機抽樣的方法在香港各區選擇了 4 間中學參與此項研究；其後，研究資料便從這 4 間中學的中一至中三學生收集得來。調查的工具主要是一份結構性的問卷。整項研究調查共成功訪問了 588 名男女學生。
資料經統計分析後，獲得以下一些研究結果：

1. 在 588 名被訪問學生中，有 85 名為吸煙者，約佔樣本的 14.5%。

2. 吸煙者取得第一支煙的來源，依次序為：
   （1）從朋友/同學處取得（42.7%）；
   （2）從家庭成員處取得（28%）；
   （3）從家中發現（14.6%）；
   （4）從商店購買（7%）；以及
   （5）其他（7.6%）。

3. 吸煙者吸食第一支煙的牌子依次序為：
   （1）萬寶路（35.5%）；
   （2）沙龍（18%）；
   （3）健牌（15.7%），以及
   （4）萬事發（7.9%）。

4. 與非吸煙者比較，吸煙者的家人和朋友通常有較高的機會率吸食香煙。

5. 相對非吸煙者，吸煙者對吸煙行為有較正面的態度，他們較傾向同意以下的句子：
   （1）吸煙不會危害健康；
   （2）吸煙的人比較成熟穩重；
   （3）吸煙的人比較受朋友歡迎；
   （4）吸煙不會污染環境；
   （5）吸煙的人很有型。

6. 相對非吸煙者，吸煙者對香煙廣告有較正面的評價。

7. 影響青少年吸煙行為的因素其重要性依次序為¨朋友
   的影響¨、¨對香煙廣告的評價¨、¨對吸食香煙行為
   的態度¨及¨家人的影響¨。

6.5.4　結論

　　基於以上資料，我們深信本文的研究結果對港府在
檢討及釐定反吸煙運動時應有以下的意義：

1. 資料顯示出非吸煙的青少年較傾向認同吸煙對健康
   的不良影響，故如何加強教育令青少年認識、了解
   及相信吸煙對健康的害處，實為政府當務之急。

2. 本文的結果指出，吸煙的青少年多認為吸煙是一種
   可被接受的社會行為。在潛意識中，他們渴望吸煙
   行為能令他們看來更成熟穩重，更受朋友歡迎及更
   為有型，這些錯誤的觀念主要都是來自廣告的影
   響。因為一般的香煙廣告大多將吸煙者塑造成健
   康、穩重、受歡迎及成功。要有效地減低香煙廣告
   對青少年吸煙行為的影響，政府當局實應對香煙廣
   告的推廣手法及內容訂立適當的條例及指引。

3. 社會上的反吸煙者普遍相信，香煙廣告會引致年青
   人吸煙，而本文的研究結果也提供了初步的支持證
   據，雖然自 1991 年 12 月開始，香煙廣告已完全在
   電子媒介及電影院中絕跡，但煙草商已成功地將他
   們產品的推廣轉移至年青人的印刷媒介及其他推廣
   活動上。基於本文的研究結果，政府當局實有需要
   將香港廣告的管制引申至印刷媒介、體育活動及音
   樂活動的贊助上。

市場營銷啟示錄／冼日明,游漢明主編. -- 臺灣
初版. -- 臺北市：臺灣商務, 1996〔民85〕
　　面 ； 公分
　ISBN 957-05-1238-5（平裝）

1. 市場學

496　　　　　　　　　　　　　　　85000952

市場營銷啓示錄

定價新臺幣 300 元

主　　　編	冼日明　游漢明
策　　　劃	廖　劍　雲
責任編輯	黎　彩　玉
發 行 人	張　連　生
出 版 者	臺灣商務印書館股份有限公司
印 刷 所	臺北市重慶南路 1 段 37 號

　　　　　　電話：(02)3116118・3115538
　　　　　　傳眞：(02)3710274
　　　　　　郵政劃撥：0000165-1 號
　　　　　　出版事業
　　　　　　登 記 證：局版臺業字第 0836 號

• 1995 年 7 月香港初版
• 1996 年 3 月臺灣初版第一次印刷
本書經商務印書館(香港)有限公司授權出版

ISBŃ　957-05-1238-5（平裝）　　　b 04983000